特养技术
轻松致富

竹鼠养殖
简单学

◎ 赵伟刚　吴　琼　主编

U0349319

中国农业科学技术出版社

《竹鼠养殖简单学》编写人员

主　　编：赵伟刚　吴　琼

副 主 编：李绍权　田　勇　涂剑锋

编写人员：田　垚　熊绍军　左小义

　　　　　石永芳　宁浩然　徐佳萍

　　　　　杨　颖　荣　敏　邢秀梅

　　　　　刘华淼　王洪亮　胡鹏飞

　　　　　刘琳玲　邵元臣　刘汇涛

　　　　　徐　超　宋晓峰

前　言

竹鼠属于啮齿目、竹鼠科，是一种体型较大的啮齿类动物，因其形似老鼠又以吃竹为主而得名。主要分布于我国广西壮族自治区、云南、广东、贵州、四川、江西、福建、浙江、湖南、江苏、重庆等省（自治区、市），全身都是宝。《本草纲目》记载："竹䶉，食竹根之鼠，形大如兔"。䶉是形容它体形的肥胖，肉有补中益气、荣养宗筋、温肾、滋阴壮阳、固本生津、消肿止痛等功效，据测定，它含粗蛋白57.78%、粗脂肪2.54%、粗灰分17.36%、粗纤维0.84%、胆固醇0.05%、水分3.84%，还富含磷、铁、钙、维生素E及氨基酸和甾类，是一种营养价值高、低脂肪、低胆固醇的肉类食品。现代医学研究证实竹鼠的脂肪、脑、胸腺、肝脏等是制备某些生物药品的珍贵原料。提取各种生物活性物质或因子，如亚麻酸、胸腺肽、脑磷脂、促肝细胞生长素，用于临床治疗肿瘤、糖尿病、心脑血管疾病、免疫功能低下等，已引起国内制药企业及专家的高度重视。由于竹鼠汗腺不发达，其皮毛细软、光滑油润、底绒厚，是制裘衣的上等原料。须是制作高档毛笔的原料，货源紧张，供不应求，有很大的开发空间。

自20世纪80年代，我国开始人工驯养繁殖竹鼠，至今人工养殖竹鼠技术已然成熟，具有投资小、见效快、易饲养、高效益等特点，已成为开发价值高、市场需求大、投资少、风险小、经济效益高的一项新型养殖业。但是面对变化莫测的市场形势，竞争激烈的实际情况，生产者必须有高水平的养殖技术和管理措施，才能使这项事业健康发展。为普及和推广竹鼠养殖新技术，编者编写了这本小册子，希望对"三农"的发展尽一点绵薄之力。

　　本书总结了我国近年来养殖竹鼠的实践经验，收集了国内养殖竹鼠的新技术、新方法，重点介绍了竹鼠高效益养殖技术的原理与具体措施。本书对竹鼠的品种类型、繁殖育种、营养饲养、疾病防治、建场规划及产品加工利用等内容做了较为系统的叙述，图文并茂、通俗易懂、实用性强，可供竹鼠养殖场、专业养殖户的技术和管理人员参考，可使竹鼠养殖业的新手入门通路，老手的养殖技术精益求精，亦可做为农业研究人员有益的参考资料。

　　由于编者专业知识水平有限，书中内容难免会出现欠妥或谬误之处，敬请批评指正，不胜感谢。

编　者

2015 年 4 月

目　　录

绪　论

　　竹鼠（见下图）又名竹狸、芒狸、芒鼠、芭茅鼠、竹纯、竹根鼠、茅根鼠、竹馏、竹鼬、稚子等。因其形似老鼠又以吃竹或茅草而得名。《本草纲目》记载："竹馏，食竹根之鼠，形大如兔。"李白诗"林中稚子无人见"的稚子即指竹鼠。在动物学分类上，竹鼠隶属于哺乳纲啮齿目、松鼠亚目竹鼠科竹鼠属，野生竹鼠在国外主要分布于南亚及东非一带，在我国主要分布于秦岭以南的山坡竹林及芒草丛下，栖息于灌木、竹、乔木、棕叶等混交林中，白天穴居地下洞内，并用疏松泥土堵住洞口，夜间出来觅食，以竹根、竹茎、竹嫩枝、山姜子地下根、芒草根和芒草秆为食。每平方千米仅 3 只左右。

竹鼠

竹鼠

　　由于竹鼠营养丰富，属于低脂肪、低胆固醇的野味，经济价值高，野生竹鼠遭到人为捕捉，现在越来越少，竹鼠市场一直处于供不应求的状态。自 20 世纪 80 年代，我国就开始进行人工驯养繁殖，由于竹鼠适应性强，具有良好抗病能力和繁殖能力，竹鼠养殖又具有节粮、生长快、易养易管、利润丰厚等特点，人工养殖竹鼠得到很快发展，现已成为开发价值高、市场需求量大、投资少、风险小、经济效益高的一项新型养殖业。至今人工养殖竹鼠技术已经成熟。目前，国内主要人工养殖分布在南方和西南地区，已成为开发价值高、市场需求大、投资少、风险小、经济效益高的一项新型养殖业。

一、竹鼠的经济价值

竹鼠具有较高的经济价值，集肉用、药用、制裘和观赏价值于一身。现在不少地方把竹鼠作为原料进行产品开发，用于食品与医药行业，也有不少家庭把它当作宠物饲养，因此畅销国内外市场，经济效益显著。

1. 食用价值

竹鼠食性洁净，肉质细腻、精瘦，味极鲜美，为野味上品，是一种营养价值高、低脂肪、低胆固醇的肉类食品。竹鼠的屠宰率较高，屠宰试验表明成年竹鼠的屠宰率可达 55% ~60%。据测定，它含粗蛋白 57.78%、粗脂肪 2.54%、粗灰分 17.36%、粗纤维 0.84%、胆固醇 0.05%、水分 3.84%，还富含磷、铁、钙、维生素 E 及氨基酸，甾类，其中，赖氨酸、亮氨酸、蛋氨酸、特别是精氨酸的含量比鸡鸭鹅、猪牛羊、鱼虾蟹有过之而无不及。

我国自古就有食竹鼠的历史，周朝食竹鼠风俗盛行，视竹鼠为璞肉。《公食大夫》中记载："能吃竹鼠肉的只有三鼎以上的公卿大夫。"唐代《朝野金载》记载："岭南獠民，好为卿子鼠。"明代李时珍《本草纲目》记载："竹鼠大如兔，人多食之，味如鸭肉。"《清史》载："鼠脯，佳品也，炙为脯，以待客，筵中无此，不为敬礼。"这一古老的食竹鼠风习在秦岭至岭南广大地区一直绵延至今。目前，竹鼠肉已成为上海、广东、海南、广西、湖南、贵州等地的新潮食品，从家庭餐桌登上了高档的宴席，人们对此赞不绝口，戏称"天上的斑鸠，地下的竹鼠"，为我国的饮食文化增添了光彩。

2. 药用价值

竹鼠主要以竹类植物为食，吸取了植物有效成分包括黄酮、酚酮、蒽醌、内酯、多糖、氨基酸及微量元素等，这类物质具有优良的抗自由基、抗氧化、抗衰老、抗疲劳、降血脂、预防心脑血管疾病、保护肝脏、扩张毛细血管、疏通微循环、活化大脑、促进记忆、改善睡眠、抗癌症、美化肌肤等功效。

竹鼠的很多组织器官具有较高的药用价值。我国民间将竹鼠作为药用动物，用于治疗疾病，已有悠久的历史。据《本草纲目》记载："竹鼠肉味甘，微温，无毒，滋养筋骨，固本生津，滋阴壮阳，消肿毒。"此外，竹鼠的血、胆、油、牙均可入药。血对治疗哮喘有奇特功效；胆可明目、提神健脑；牙齿磨水能治蚊虫叮咬，消肿止痛；油能解毒排脓、生肌止痛，外治水火烫伤、无名肿毒，并能拔取异物等；竹鼠尾的主要成分是硬质蛋白质，经加工后可制成水解蛋白质、胱氨酸和半胱氨酸等。常吃竹鼠肉能治疗小儿疳积、遗尿；竹鼠胆可治眼疾和耳聋症；公竹鼠的睾丸炒干后，加冰片少许，冲开水吞服，可治疗高烧不退、呕吐等症；竹鼠肾在瓦上焙干研粉，睡前用蛋花汤冲服，可治疗心慌、惊悸、失眠等症；服用 1～4 日龄的无毛仔竹鼠浸制的白酒可以治疗贫血；以竹鼠骨为主药浸酒，可治疗风湿、类风湿病和关节痛等；用竹鼠血清泡酒对治疗支气管哮喘病和糖尿病有特殊功效，对呼吸道炎症的治疗与预防具有独特的功效，经常服用能增强人体的抵抗力和免疫力。

现代医学研究表明：竹鼠肉能够促进人体白细胞和毛发生长，具有增强肝功能和防止血管硬化等功效，对抗衰老具有良好的效果，是天然美容和强身佳品。竹鼠肉中提取的胶原蛋白能促进人体的新陈代谢，进一步降低细胞可塑性衰退，增强肌肤弹性，防止皮肤干燥、萎缩等，可以改善机体各脏器的生理功能，抗衰防老。用竹鼠的内脏器官，可提炼成多种生化药物制剂。

3. 毛皮价值

竹鼠属于无汗腺动物，其皮毛细软、光泽柔润，且皮张大、底绒厚、皮板厚薄适中，易于鞣制；其毛基为灰色，易于染色，是制裘衣、皮领、帽子的上等原料。其皮制成的夹克、长大衣，色泽光亮、平滑、轻软、耐磨，外观可与貂皮媲美，在国际市场极为抢手。

4. 其他价值

竹鼠的皮下脂肪和体内脂肪极为丰富，可占个体重的15%～18%，是高级化妆用品的原料。

竹鼠的须是制作高档毛笔的原料，货源紧张，供不应求。

竹鼠尾巴中的线状白筋，可制成外科手术缝合线。

此外，竹鼠还具有较高的观赏价值，在许多动物园内均有展出。同时，还有不少人把它当作宠物驯养。

二、竹鼠养殖的发展前景

1. 国内市场需求旺盛

在国内竹鼠已步入我国南方及西部地区的大中城市和城镇的消费市场，需求量每年以 3% 的速度递增。在深圳、珠海、香港、广州、海南、上海等沿海大中城市商品竹鼠销售一直看好，价格始终呈现坚挺的态势，销价每千克 40～60 元，一只 1 千克重的烧烤竹鼠销价为 100 多元，特别是春节前后，竹鼠销势更旺，价格上扬，货源紧缺。据不完全统计，四川、云南、贵州、湖南、江西、广西、广东、海南、香港、福建、上海等地每年要消费竹鼠 600 多万只，目前全国竹鼠的生产量远远不能满足市场急剧增长的需要。近两年来，我国竹鼠养殖业开始逐渐升温，大有星火燎原之势，众多农民朋友纷纷引种养殖，这又需要提供大批竹鼠种源。

2. 国际市场商品走俏

竹鼠及其制品历来畅销国际市场，每年有近 50 万只竹鼠出口东南亚各国，美国阿拉斯加州每年需要从我国进口 300 吨竹鼠肉。用竹鼠皮制成的一双皮鞋在国际市场上售价为 2 000 元以上，一件翻毛竹鼠上大衣售价为 4 000 元以上，且十分抢手。竹鼠须每千克 4 万元，而用须做成的高档毛笔，是我国传统出口商品，在日本市场上十分畅销。

三、养殖效益

竹鼠养殖具有适应性广、节粮、繁殖力强，生长快、易养易管、利润丰厚等特点，不但农村可大力发展，也适合城镇居民家庭养殖和工厂化规模养殖。

1. 主食秸秆

竹鼠的饲料以农作物秸秆和植物基根为主，如玉米秆、高粱秆、黄豆秆、甘蔗根、芦苇、芒草等。不与人、畜、禽争粮，竹鼠仅吃植物的老根茎。为保证竹鼠的生长发育所需要的营养，需要饲喂一些精饲料。

2. 不需阳光和水

竹鼠喜在阴暗、凉爽、干燥、洁净、温度 −8 ~ 35℃ 的环境中生活，又有从饲料中摄取水分而不直接饮水的特性，因此，它既能在边远农村的山坡、岩洞营造窝穴养殖，也可在城镇室内、地下室建造窝池实行工厂化立体养殖，而且更适合在盛产竹林、玉米和高粱的干旱缺水山区养殖。

3. 易养易管

人工饲养竹鼠不受电和水源的限制，饲养管理简单，每天仅投喂 1 次，也可 3 天投喂 1 次。竹鼠尿少粪干，无臭味，夏天每日清扫 1 次，冬天可 3 ~ 4 天清扫 1 次。饲养 1 对竹鼠的工作量是饲养 1 头猪的 1/10，一个劳动力可饲养 200 对种鼠。

4. 繁殖力强

竹鼠的繁殖能力很强，一般一只母竹鼠每年可繁殖 3~4 胎，胎产 1~8 只，平均每胎可产 4 只以上，按每年 3 胎、每胎 4 只计算，一只母竹鼠每年可繁殖 12 只。

5. 效益可观

一只竹鼠每天需粗饲料 300~400 克，精饲料 30~50 克，一只种竹鼠年需饲料费 30 元左右，年繁殖 3 胎，年产仔可达 10 只以上，从出生到长成体重 1 千克以上的商品竹鼠需 5 个月，需饲料费 8~10 元，按目前市场收购价每千克 40~60 元，每只可获纯利 30~50 元，一个劳动力可饲养 200 对种鼠，年可获纯收入 3 万~4 万元，经济效益显著。由此可见，竹鼠养殖是开发价值高、市场需求大、高产、高效、低耗、节粮、风险小的新型养殖业，值得发展。

第一章 竹鼠场舍轻松建

第一节 场址的选择

竹鼠养殖场地的选择是否合理，将直接影响竹鼠的生长、发育和繁殖。因此，在建设竹鼠养殖场之前，应根据竹鼠的生长、发育和繁殖所需要的基本条件，组织专业技术人员或会同有关专家一道，进行认真的勘察和全面的规划布局。

竹鼠养殖场地选择原则：根据竹鼠的生物学特性选择自然环境条件，并能使竹鼠在该选择的场所中正常地生长、发育和繁殖。所以，应根据自身的生产规模以及发展远景规划，全面考虑其规划布局，充分讨论选场条件。

一、规模化竹鼠养殖场基地选择的原则

1. 要有充足的饲料资源

在选场时，应先考虑竹鼠的饲料来源，即考虑竹鼠对竹类或芒草等野生植物饲料的需求，故应选择靠近竹林或芒草资源丰富的地方。

2. 选择合理的地形地势

竹鼠养殖场的场址应选在地势较高、地面干燥、排水良好、背风向阳的地方。通常以南或东南山麓，能避开寒流侵袭和强风吹袭的平原、坡地及丘陵较为理想，如图 1 - 1。地势平坦而略向南或东南倾斜，地面坡度以 3° ~ 5° 为宜，最大坡度不应超过 20°，要高出当地历史最高洪水水位以上，地下水位应在 2 米以下。

图 1 – 1　竹鼠养殖场

　　低洼、沼泽地带，地面泥泞，湿度过大，排水不利的地方，洪水常年泛滥地区，云雾弥漫的地区及风沙侵袭严重的地区都不宜建场。

　　3. 保证必要的防疫条件

　　竹鼠养殖场应设在非畜牧疫区，不宜与其他畜禽饲养场靠近，以避免同源疫病的相互传染。距离居民点 500 米以上，且位于居民点的下风处，地势应低于居民区；距铁路、公路主干线 300 米以上；距沼泽地 1 000 米以上。

　　环境污染严重的地区不应建场。

　　4. 电力供应要有充分保障

　　电源是饲养场内各种设备的动力，如夏季的降温设施，冬季的防寒设施等都不能缺少电源。所以，竹鼠养殖场的电力供应要有充分保障。

　　5. 要有便利的交通条件

　　应有专门的公路直通竹鼠养殖场，以保证饲料、生活必需品及竹鼠产品的运输。

二、农村庭院式竹鼠养殖场地的基本条件

农村庭院式竹鼠养殖专业户可利用闲余的住房、旧房、旧仓库、其他动物养殖栏舍改造，或在住房附近的闲余空地建场。这种庭院式的竹鼠养殖场虽然不需要像大型竹鼠养殖场那样在地形地势和防疫条件方面进行选择，但是，也要保证有充足的饲料资源、稳定而充足的电源条件、便利的交通条件。除此之外，还必须保证周围环境的安静，既没有机械设备运转所带来的噪声，也没有燃放烟花爆竹之类的惊吓声等。同时，养殖场不宜与其他畜禽饲养场靠近，还要能防猫、狗等动物进入养殖场内。

如果能利用闲置的防空洞或者天然的岩洞来建造竹鼠养殖场，则更加适于养殖竹鼠，属于较为理想的竹鼠养殖场建造地。

第二节　规模化竹鼠养殖场的规划布局

一、竹鼠养殖场的布局原则

建场前，应对饲养场的布局进行合理的设计与规划。使场内建筑布局合理，适合生产作业要求。因此，总的布局原则是管理方便、利于生产、保证安全、符合卫生防疫要求。

二、竹鼠养殖场的分区

竹鼠养殖场的建筑布局依次分为管理区、生产区和卫生防疫区，见图 1－2。

1. 管理区

管理区位于饲养场的入口处，由办公室、职工宿舍、饲料加工室、饲料贮备室等组成。

2. 生产区

养殖生产区由竹鼠繁殖舍和竹鼠育成舍等组成，各舍之间应保持一定的间距。

3. 卫生防疫区

卫生防疫区位于养殖场的下风处，由兽医室、隔离区、垃圾处理区和粪便净化池等组成。

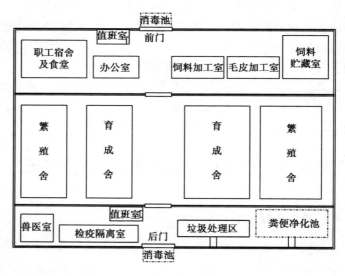

图 1-2　竹鼠养殖场布局示意图

第三节　竹鼠养殖圈舍的建造

一、竹鼠养殖圈舍建造的基本条件

竹鼠饲养舍不需特别的讲究，在一般的房屋内、地下室和大棚内均可养殖，但在建造或改建时要满足以下几个基本条件。

1. 利于通风透气

竹鼠饲养舍应尽量做到通风良好，如在墙面设有多个通气窗等，以利于空气对流，保证饲养舍内的空气新鲜。如果养殖室内通风不良，空气不新鲜，则容易导致竹鼠患病。

2. 便于控制温湿度

竹鼠喜欢凉爽、干燥、洁净的生活环境。饲养舍要注意适当的温湿度，冬天要防止寒风侵袭，夏天则要能够保持凉爽。有条件的竹鼠养殖场可以安装空调设备和防寒保暖设施。如果夏秋季节养殖室内温度过高（32℃以上），或者冬、春季节养殖室内温度过低（5℃以下）。则会影响竹鼠的正常生长、发育和繁殖，也很容易引起感冒和中暑等疾病。如果一年四季能够保持饲养舍的温度为12～28℃，则不仅种竹鼠能终年保持繁殖旺盛，而且其产仔成活率也很高。

同时。竹鼠饲养舍内应能够保持干燥，空气相对湿度应控制在50%～70%为宜，尤其是在雨季，要能够除湿防潮。

3. 保持阴暗，避免阳光直射

竹鼠喜欢生活在弱光环境中，饲养室内的光线应适当阴暗，无论在哪个季节都要避免阳光的直射。

4. 保证安全，便于清扫

饲养舍的门窗要牢固，能够防止其他动物入内。饲养舍的四周墙壁用水泥、河砂粉刷光滑，地面要坚硬光滑，便于清扫。

二、竹鼠饲养池的结构

目前在我国的竹鼠养殖户中流行的竹鼠饲养池结构主要有以下几种类型。

1. 水泥板结构

这种饲养池结构类型是围栏和地板都采用水泥薄板（图1－3）。其优点是比较坚固耐用，成本也比较低，而且便于安装，承重性能较好，适合于建造双层立体式饲养池；其缺点是不便于拆移，也不适用于建造三层立体式饲养池。

图1-3　竹鼠水泥板结构窝室

2. 瓷砖结构

这种饲养池结构类型是用瓷砖作围栏，用水泥板作地板（图1-4）。其优点是比较坚固耐用，成本比较低，而且轻便美观，便于安装，也便于拆移；其缺点是承重性能较差。如果需要建设双层或三层立体式饲养池的话，在建造第二层和第三层时需要另外搭架，因此，建议该结构用于立体式饲养池的最高层。

3. 砖混结构

这种饲养池结构类型是用红砖水泥砌围栏，用水泥砂浆将四周和地面涂抹光滑平整（图1-5）。其优点是非常坚固耐用，承重性能也很好，而且便于养殖与观察；其缺点是成本比较高，占地空间比较大，因此，建议砖混结构用于立体式饲养池的最底层。

4. 混合结构

这种结构类型的饲养池因其是全封闭式的，故也称为笼养池，是用红砖和水泥砌侧板，用水泥板做地板和顶板，正面的门

图 1 - 4　竹鼠瓷砖结构窝室

图 1 - 5　竹鼠砖混结构窝室

用镀锌电焊网和钢筋做成（图 1 - 6）。其优点是适用于多层立体式养殖的建造，结构紧凑，能够有效地节约空间，不仅便于安装，而且其内壁也不需要用水泥砂浆涂抹光滑；其缺点是在打扫卫生时，容易造成竹鼠逃跑。对于场地空间受到限制的养殖户来说，是一种较为理想的竹鼠饲养池结构模式。

三、竹鼠饲养池的主要类型

根据竹鼠不同的生长发育阶段和主要用途，应建造以下几种

图 1-6   竹鼠混合结构窝室

类型的饲养池：

1. 隔离池

这种饲养池是由内、外两个小室组成，内室是窝室，外室是运动场和投料间。窝室规格为 30 厘米 ×25 厘米 ×65 厘米，底部比投料间深 2 厘米，内室上面加盖；外室大小为 70 厘米 ×40 厘米 ×65 厘米。底面由里向外倾斜，靠外墙底部有一个规格为 15 厘米 ×4 厘米的漏粪孔，外室的上方则不需要加盖。两室底部有一个边长为 12 厘米的正方形连通洞将内、外两室连接起来（图 1-7）。

这种饲养池主要用于饲养驯化程度不高的孕期母竹鼠，或用于需要进行驯化的野生竹鼠。平时将食物投放到投料间，竹鼠会把食物衔进洞内。由于竹鼠习惯于只将睡处周围的粪便和食物残渣推出洞外，而远离睡处的粪便和食物残渣就不管，所以窝室的大小以仅能容纳 1 只母竹鼠在其内产仔为宜，否则会因窝室面积过大而存积食物残渣或粪便，但如果窝室过小，则又不利于竹鼠的活动。

这种饲养池的优点是建造容易，管理方便，符合竹鼠营洞穴生活的习性；其缺点是占地较大，饲养量较小。

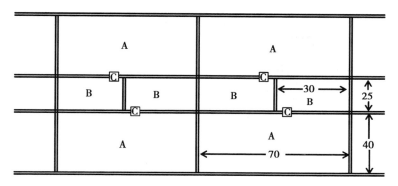

图1-7　竹鼠隔离池平面示意图（单位：厘米）

A-外室；B-内室；C-连接洞

2. 笼养池

笼养池的内空规格为60厘米×50厘米×30厘米，其后面墙是饲养舍的墙壁，如果墙壁是用土砖砌成的，则还需要用水泥粉刷加固或另外加块水泥薄板，如果是用红砖水泥砌成的，则不需要另外处理；两侧面均用红砖和水泥砌成，其高度则刚好是两块红砖侧向叠加起来；顶部是一块长为65厘米、宽为50厘米、厚为2.5~3厘米的水泥薄板；底板也是一块同样规格的水泥薄板，与顶部水泥板不同的是，在前方有一块预埋在水泥板内10厘米×5厘米的镀锌电焊网（网眼边长为2厘米），作漏粪网；正面是一扇用网眼边长为2厘米的镀锌电焊网和规格为6毫米钢筋做成的能够开启的活动门，门的长为60厘米、高为50厘米。这种笼养池能够建成2~3层的立体养殖模式（图1-8、图1-9）。

这种饲养池可以用于饲养驯化程度较高的孕期或哺乳期的母竹鼠1只，也可以用来饲养已经配好对的种竹鼠1对（母竹鼠处于非临产期），或者用于饲养断奶后的幼竹鼠4只。

这种饲养池最大的优点是能够最大限度地节约养殖场空间，

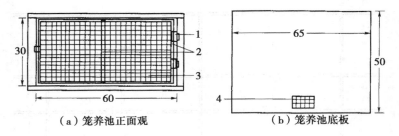

（a）笼养池正面观　　　　　（b）笼养池底板

图1-8　笼养池示意图（单位：厘米）

1－合页；2－钢筋架；3－镀锌电焊网；4－漏粪网

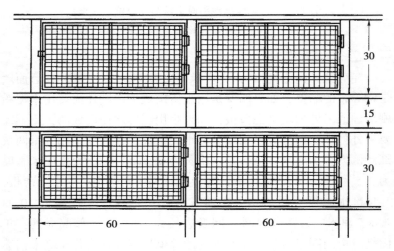

图1-9　双层立体式笼养池正面观（单位：厘米）

而最大的缺点是不便于观察，而且在夏天散热降温的效果比较差。同时，在驯养初期打扫笼内卫生时，容易造成竹鼠逃跑，尤其不适宜于饲养驯化程度不高的竹鼠。

3．小池

小池的规格为60厘米×50厘米×65厘米，其结构可以是四周和底板均为水泥薄板式的，也可以是砖混结构的，还可以是四周为瓷砖、底板为水泥薄板式的。当四周为瓷砖时，其高度可以为60厘米。

小池可以用于饲养驯化程度较高的孕期或哺乳期的母竹鼠1只，或者用于饲养已经配好对的种竹鼠1对（母竹鼠处于临产期时要单独饲养），或者用于饲养断奶后的幼竹鼠4~6只，或者用于暂时饲养与母竹鼠分居的种公竹鼠1只。

这种小池的优点是能够灵活地饲养多种类型的竹鼠，而缺点是不适合饲养驯化程度不高的孕期或哺乳期母竹鼠，也不适合未经驯化的野生竹鼠。

4. 中池

中池的规格为80厘米×70厘米×70厘米，其结构可以是四周和底板均为水泥薄板式的，也可以是砖混结构的。

中池可以用于饲养已经配好组的种竹鼠1公2母（母竹鼠处于临产期时要单独饲养），或者用于饲养断奶后的幼竹鼠8~10只，或者用于饲养育成期的商品竹鼠4~5只。

这种中池的优点是能够节约空间，易于饲养管理，而缺点与小池一样不适合饲养驯化程度不高的孕期或哺乳期母竹鼠，也不适合未经驯化的野生竹鼠。

5. 大池

大池的规格是高为70厘米，长和宽根据实际情况定，但每个大池的面积一般为2~3平方米，其结构以砖混结构为佳，在池内放置若干水泥空心砖或瓦罐、瓦管，以满足竹鼠营穴居生活的习性。

大池适合于断奶1个月以后的育成期商品竹鼠的群养。

大池的优点是造价低，容量大；其缺点是占地大，不利于繁殖。

四、竹鼠饲养池的布局（图1－10）

大中型竹鼠养殖场内的饲养池的布局要因地制宜，要求排列组合紧凑。各种类型的饲养池要合理搭配，其数量比例一般为（隔离池＋笼养池＋小池）：中池：大池＝5：2：1。

实践证明，在饲养舍的墙边采用单列组合式立体饲养模式，即如果采用双层立体式饲养方式的话，则下层采用中池，上层采用隔离池或笼养池；如果采用三层立体式饲养方式的话，则下层采用中池，中层采用笼养池，最上层采用隔离池。在饲养舍的中间则采用双列隔离池和大池相结合的单层饲养模式，把各种不同用途的饲养池组合在一起，既能提高饲养量，又能科学分群和科学饲养管理，是目前较为理想的一种布局格式。

图1－10　竹鼠规模化养殖场

第四节　竹鼠养殖场的设备

一、精料投喂盘

为了保证精料（主要是配方饲料）的清洁卫生，应该将拌好的精料用投喂盘盛装后，放在饲养池内投喂给竹鼠。目前，绝大多养殖户所采用的精料投喂盘都是较浅的瓷碟，价格便宜，便于清洗。

二、饲料加工设备

竹鼠养殖场常用的饲料加工设备主要有饲料粉碎机、饲料搅拌机和青粗饲料切割设备等。

三、活体竹鼠转运设备

1. 捕捉夹

捕捉夹可由火钳改做，也可直接到铁器店定做，其规格大小应根据竹鼠的大小而定，见图1－11。

图1－11 竹鼠捕捉夹

2. 运输笼

（1）镀锌焊网笼 竹鼠咬肌发达，牙齿锋利，喜欢啃咬东西。因而运输笼具须为金属结构，批量运输时，可事先用14号线的镀锌焊接网制作运输笼，其规格为90厘米×60厘米×25厘米，每只运输笼可装入1～2千克重的竹鼠8～10只。竹鼠应是已经合群饲养一段时间的，以免在运输途中咬架斗殴。这种规格笼，竹鼠能活动，能在笼内吃食，通风透气好，堆压负重能力强，不会发生意外见图1－12。

（2）分层铁网笼 如果在原地合群不好，为有效地防止竹鼠咬架，可采用钢筋焊接，铁丝网或眼子铁皮做成双层运输铁笼，其规格为60厘米×23厘米×23厘米，分上下两层，每层用

图 1 - 12　　竹鼠运输笼

薄铁皮分隔成 5 小笼，规格为 12.5 厘米 × 11.5 厘米 × 11.5 厘米，每小笼装 1 只竹鼠，可共装 10 只。

四、产品加工设备

竹鼠养殖场常用的产品加工设备有屠宰设备、热水器、褪毛设备、冷冻与冷藏设备、绞肉机、蒸煮设备、烘烤设备及毛皮加工设备等。

第二章　熟悉竹鼠的特性

第一节　竹鼠的品种特性

竹鼠，又名竹狸、芒狸、竹纯、竹根鼠、茅根鼠、竹馏、竹鼬、稚子等，在动物学分类上，竹鼠隶属于哺乳纲啮齿目、松鼠亚目、竹鼠科竹鼠属，它是一种体型较大的啮齿类动物，在我国现阶段驯养的竹鼠有 3 种。

1. 中华竹鼠

又名灰竹鼠、普通竹鼠、竹鼠、竹根鼠、竹鼬，图 2-1。

图 2-1　中华竹鼠

中华竹鼠成年个体的体长 25～35 厘米、体重 1～1.7 千克。体形粗壮，呈圆筒形。头部钝圆，吻大、眼小、耳小隐于毛内。

颈短粗。四肢粗短，具有利爪，是运动器官和挖洞取食的工具。尾短小光裸，仅被以稀疏短毛。体被厚毛，密而柔软。门齿粗大，臼齿短小。雌性乳式 1—3 = 8，胸部乳房 1 对，腹部 3 对。

吻周呈灰白色。耳覆以棕灰色毛。成年个体背毛棕灰色，并长有白尖针毛，毛基灰色，腹毛略浅于背色，近淡棕至污白色泽，直至毛基，背色逐渐转淡而成腹毛色泽，背腹间的毛色泽无界限，唯腹面覆毛较为稀疏，足背及尾毛均为棕灰。老年个体的背毛呈棕黄色，幼年个体周身均为灰黑色。

头骨短而粗壮，呈三角形。吻宽而短。鼻骨前宽后窄，后端尖形成等腰三角形，其后缘与前颌骨前缘同处一平面。

门齿强大、锐利，上门齿与腭骨垂直。

中华竹鼠在国内主要分布于云南、贵州、广东、福建、湖北、四川等中部和南部地区，国外见于缅甸北部。中华竹鼠在我国的竹鼠种类中分布最广，故有"普通竹鼠"之别称。

2. 银星竹鼠

又名花白竹鼠、粗毛竹鼠、拉氏竹鼠、草鼬，见图 2 - 2。

图 2 - 2　银星竹鼠

体型较中华竹鼠大，体重 1.3 ~ 2 千克，体长 35 厘米左右。

牙齿与中华竹鼠无区别。雌性乳式1—3＝8，但有的个体胸部有2对乳房，乳数为10。

银星竹鼠体毛较粗糙，故有"粗毛竹鼠"之别称。背毛具有许多带白色的针毛伸出于毛被之上，似体背蒙上一层白霜，故称"银星竹鼠"。

头骨与中华竹鼠差别不大，但具有下述特征：①听泡较为低平；②鼻骨前端宽，前看其宽度超过相应前颌骨的宽度，末端不尖，不成三角形；③鼻骨后端超过前凳骨前缘；④眶间部较宽，为腭长的28%（中华竹鼠平均为23%）。

国内主要分布于云南、广西、贵州、湖南、广东、福建等东南地区，国外见于亚洲东南部印度、马来半岛等地。

3. 大竹鼠

又名红颊竹鼠、红大竹鼠，见图2－3。

图2－3 大竹鼠

外形是我国竹鼠中最大的一种，成体长40厘米左右，体重2~4千克。耳短，但由于毛被稀疏，故仍清晰可见。前后足掌部后面的两个足垫彼此连接。尾粗壮而长，无毛而完全裸出，尾长约为体长的2/5。牙齿与中华竹鼠无多大区别。雌性乳式2—3＝10，胸部2对，腹部3对。

毛被稀疏而粗糙，面颊（从吻周到耳后）为淡锈棕色或棕红色，故有"红颊竹鼠"和"红大竹鼠"之别称。额枕和颈背中央有一梭形暗色斑，体背和体侧为淡灰褐色。腹面毛被非常稀少，常可见到皮肤。喉胸部纯褐色，腹部灰白色。四肢和足背纯褐色。尾乌褐色，但尾尖常呈棕黄或淡黄色。

头骨与中华竹鼠无异，但颅全长大于 8.5 厘米。

在国内主要分布于云南西双版纳地区和马来半岛、苏门答腊等地区，国外见于缅甸、泰国、越南、印度尼西亚等热带地区。

另外，我国还有 2 种竹鼠，暗褐竹鼠，体形与中华竹鼠相似，体重为 1.5 千克左右，全身被毛均呈暗烟褐色，主要分布于云南西部和贵州东北部等地。小竹鼠，为竹鼠科中体型最小的一种，体形与中华竹鼠相似，体重仅为 0.2 ~ 0.3 千克，全身被毛呈棕褐色，主要在云南西部和尼泊尔、孟加拉北部、泰国、老挝、柬埔寨、越南等热带地区。

第二节　竹鼠的形态特征

竹鼠的形体圆肥，尾又短又粗，一般体长在 16 ~ 23 厘米，但个别种类，如大竹鼠的体长可达 45 厘米；头较圆平。头骨短而粗壮，呈三角形，吻宽而短，鼻骨前宽后窄，后端较尖，其后喙与前颌骨前缘同处一个平面，眶上脊、颊脊比较发达，眶间距离很窄，眶下孔和下缘几乎呈直线形，有显著的矢状脊和人字脊，眶上脊起于眶前缘并向后延伸与颞脊相连至人字脊处，而人字脊处又呈截切状，枕骨从身后观察又像一个半圆形平面的骨片，老年竹鼠的颞脊完全愈合成头骨中央的矢状脊，颧弓向外翻、粗大，见图 2 - 4。

竹鼠的第一对门齿是恒齿，出生的时候就有，永不脱换，而且还在不断地生长，所以竹鼠必须借助采食和啃咬坚硬的木条以

图2-4 竹鼠头部形态

达到不断磨损，这样才能保持上下门齿的正常咬合。竹鼠的牙齿
很特别，两对突出的橘黄色的门齿露在唇外，上门齿粗大而长，
共有16颗牙齿，并与腭骨垂直或成一定的锐角，上齿列冠面前
倾，下齿列冠面则后倾，唇将口腔与门齿隔开，第一上臼小于其
他二臼，第二臼齿最大，第一、第二臼齿外侧有两个凹褶，内侧
有一个凹褶，第三臼齿内侧各有2个凹褶，老年竹鼠则在长期的
磨损后齿冠面侧都成孤立的齿环，这一特点是鉴定竹鼠老化的显
著特征。

　　竹鼠的眼睛很小，位于前额表面，耳小而圆并隐于密致的毛
内，颈粗而短，体毛厚实，密而柔软，背毛长，腹毛稀疏而且很
短，母鼠腹毛少则表现为良好，乳头显露稍大，方便仔鼠吮奶，
混配的竹鼠身体则出现各种毛色，银星竹鼠和红颊竹鼠相配而生
出的后代面颊棕红色稍淡，与中华竹鼠杂交则被毛稍黄。

竹鼠的尾巴基本上属光裸型，接近身体处有少许稀疏的短毛，四肢较短而且很粗壮，爪短略扁，呈指甲状，五趾间无蹼，一趾独立其余四趾相偎，吃食物时两前肢捧着食物啃咬，而且爱用两只前肢的五趾洗面或梳理自身的被毛，见图2-5。

图2-5　竹鼠侧面照

第三节　竹鼠的生活习性

野生竹鼠多栖息于热带、亚热带地区的山间竹林，芒草、棕叶芦及野甘蔗丛生的河谷地、草坡、稀树灌木林以及常绿阔叶林中竹子丛生的地方，多在比较松软、干爽的山坡、谷地上掘洞穴居，见图2-6。以多种芒草根、茎，山姜子，野甘蔗，竹的根、茎、嫩枝，阔叶林的树皮、根皮等为食，尤其喜欢取食芒草的根和种子。

竹鼠是一种野生的特种经济动物，在野生状态下，由于长期的自然选择的作用，逐渐形成了以下几个与环境相适应的独特生活习性。掌握这些特性，对于竹鼠的人工高效养殖是十分必要的。

1. 活动规律

竹鼠是一种典型的昼伏夜出的夜行性动物，野生条件下白天多蜷缩在洞穴中，或钻入垫草隐居昏睡，夜间和清晨才外出活动

图 2 - 6　野生竹鼠栖息环境

觅食交配。在人工养殖条件下，白天少食多睡，夜间取食旺盛。

2. 温度要求

温度对竹鼠的活动、生长、繁殖是极其重要的影响因素，竹鼠长期在洞穴中生活，而土层下的洞穴温度变化范围较小，而且竹鼠的汗腺极不发达，全身覆盖着浓厚的被毛，所以竹鼠调节体温的能力较差，其生长繁殖最适宜的温度在 10～28℃，当它居住的洞穴的温度降到 4℃以下时，竹鼠活动迟缓，蜷缩成堆，呈沉睡状态，采食少，易患肠道疾病和感冒。当气温超过 35℃时，竹鼠躁动不安，极容易因闷热中暑死亡。温度超过 33℃以上，公鼠睾丸曲细精管的生精上皮细胞变性，会暂时失去生精能力，实践证实竹鼠夏季不育、初秋时节配种受孕率低就是这个原因。

3. 湿度要求

竹鼠喜欢干燥的生活环境，对潮湿的环境较为敏感，湿度较大的生活环境容易引起疾病，最适宜的湿度在 55%～75%，高温高湿、低温高湿可以使病原微生物大量繁殖，因此，在人工养殖条件下，一定要保持竹鼠生活环境的干燥，避免潮湿的环境。在炎热的夏季，不宜采用洒水降温的方式，而是采用机械降温的方式，如使用电风扇或空调降温。

4. 水分需求

水分是竹鼠维持正常生命活动、生长发育和繁殖的重要物质。但竹鼠与其他啮齿类动物有所不同，在野生状态下，从不直接饮水，其身体所需水分均来源于食物，而且竹鼠自身调节水分代谢的能力较差。如果直接喂给饮用水或者饲料中含水分过多，则易造成竹鼠腹泻；如果饲料中含水分过少，则又容易引起竹鼠消化不良，粪便干硬、颗粒小、呈暗黑色。此外，饲料中水分不足还会影响到竹鼠的生长和毛色的变化，毛色枯燥变为黄褐色，生长缓慢，体形较消瘦，甚至导致体液电解质失去平衡，出现神经症状和死亡。所以，正确掌握饲料的含水量是竹鼠养殖成功的关键，在人工养殖条件下，夏季要适当的供给饮用水，以补充饲料中之不足。

5. 穴居性

野生竹鼠终年穴居于竹林或茅草山地洞穴内，洞长 3 ~ 9 米，分为主洞道、取食道、避难道以及卧室、贮食室和排便点等。主洞道距地面 20 ~ 30 厘米，与地面平行分布。取食道为主洞道的分支，是为取食竹子或芒草地下茎而挖的洞道。避难道位于穴窝附近的深处，距地面 0.5 ~ 1.5 米。竹鼠受惊时即钻入避难道中并继续向前挖掘，不断用泥土堵塞洞道。卧室和贮食室位于主洞道中，卧室内垫有竹叶、竹枝、树叶或干草，是休息和繁殖的场所，贮食室内贮有食物。排便点是竹鼠定点排粪的地方。如果竹鼠在洞中，则会把洞口用土堵住迷惑敌人，开启的洞口内一般没有竹鼠。为保持洞内有一个较卫生的环境，同时为了寻找新的食物资源，竹鼠每月迁徙一次，筑构新的居所。

在家养的条件下，窝室的设计，既要考虑到竹鼠穴居钻洞的习性，又要便于饲养、观察、清扫和捕捉，因此窝室要用水泥和红砖砌坚实，以防竹鼠掘洞逃跑，同时窝室墙壁光滑，高度适

图2-7　野生竹鼠穴居

中，以防其翻墙逃走，还要使窝室保持阴暗、保暖、凉快和干燥，使竹鼠居住在人工建造的窝室内能够具有像在洞穴中生活一样的感觉。

6. 生存环境

在进行人工养殖时，最好能给竹鼠营造一个光线较暗的生活环境，避免强光的照射。

图2-8　野生竹鼠生境

竹鼠是一种非常爱清洁的野生动物，野生竹鼠的窝室内常垫以竹叶或枯草，其能自行清理巢窝。在建造竹鼠饲养池时，应设有漏粪网，以让其将粪排出饲养池外。

竹鼠生性胆怯，喜欢安静的环境，其视觉和听觉较差，但嗅觉灵敏。其警觉性高，但行动又明显笨拙。如果竹鼠受到惊扰，则会发出"咯、咯、咯"或"呼、呼、呼"的吹气声，以及"喳、喳、喳"的咬牙声，以示威吓。所以，在人工养殖条件下，要保证竹鼠能有一个安静的生活环境，远离闹区和居民区，谢绝外来人员参观。

7. 合群性

竹鼠的肛门腺和阴道腺很发达，主要依靠气味进行识别，一群很安静的竹鼠，闻到陌生鼠的气味，立刻惊恐乱跑如临大敌，甚至互相撕咬，陌生竹鼠突然合群，由于气味不投，则互相残杀，打斗不休，必须经过异味适应过程，才能结伴合伙，一般需一周时间。雌雄竹鼠十分忠于"原配夫妻"，尤其从小长大，气味相投，配种则较顺利。临时配对要进行一段时间的感情培养，其实质是建立化学通讯联络，否则，相互撕咬，人为的"捆绑夫妻"则难顺利交配。当公竹鼠进入带幼仔的母舍时，将幼仔咬死后，才与母竹鼠同居。对外来侵入的家鼠、雏鸡、鸭及鹌鹑等惯于残杀，甚而致死。

第四节　竹鼠的繁殖特征

1. 多胎高产

竹鼠的繁殖能力强主要表现在配种早，子宫未成熟时便可发情配种、怀孕产仔，此时的产仔数一般不会太多，1～2只较多，也有3只以上，但较少。生殖系统的成熟期约为一年左右，第4胎后就进入旺产期，一年正常繁殖可以繁殖3胎，在养殖情况较好，合理繁育的基础上可以达到4胎，每胎2～6只，仔鼠在合理的饲养条件下生长发育较快，一只优良经产母鼠年繁殖仔鼠

10 只以上，见图 2 - 9。

图 2 - 9　繁殖期竹鼠

2. 刺激性排卵

竹鼠是刺激性排卵动物，母鼠在达到性成熟后，虽然每隔一定时间会出现自然发情征候，但并不伴随排卵。卵巢中的卵子只有在交配爬跨刺激或者相互爬跨和注射外源激素后才会排出，如无刺激成熟卵子会被机体吸收，这种特性对竹鼠繁殖是有益的。实践证明，竹鼠可以通过强制交配达到配种目的。也就是说，竹鼠有发情的表现，但是非发情期同样可以利用公鼠的气味、爬跨、外源刺激及诱情配种等方法促使母鼠发情。

3. 夏天对种公鼠的影响

竹鼠对外界环境温度的变化极为敏锐，当外境气温高达30℃时，公鼠的体重就减轻，性欲会下降，精子活动性降低、精子密度也会随着降低，出现死精、坏精和不射精等情况，造成繁殖障碍，所以在夏天一定要做好降温工作，达到四季繁殖的良好效果。

4. 假孕现象

通俗的说法就是走红水，竹鼠在繁殖过程中，我们常常见到交配后的母鼠，奶头变红，肚子变大，嗜睡，自己做窝，不配合公鼠爬跨，驱逐公鼠等现象，只有怀孕母鼠才有的综合特征，但是就是不产仔，这就是我们称的假孕。造成这种原因主要有如下两点。

（1）外在原因　公鼠的性刺激不当或母鼠的子宫炎或阴道炎造成的。

（2）内在原因　是刺激性排卵后，由于黄体的存在，黄体酮分泌促使乳腺激活子宫增大，从而出现假孕现象。出现这种现象可以注射氯前列烯醇，使黄体消失而达到正常母鼠的生育水平。

第五节　竹鼠的食性特点

竹鼠是一种单胃植食性动物，成年鼠日采食精料 250～400 克，喜食带甜味的植物根、茎、叶和皮，见图 2-10。主要以竹笋蒂、嫩竹、山姜子、多种芒草地下根、野甘蔗等为食，也食一些杂草籽食。人工饲养可以玉米、稻谷、大米、甘薯等为精饲料。竹鼠的胃由二部分组成，前胃呈囊状，具有消化粗纤维的功能，发达的盲肠也是分解粗纤维的场所，消化系统十分适合消化粗饲料，所以饲养竹鼠的饲料来源广泛，价廉易得，且食量不大。

竹鼠属于啮齿类动物，其上、下门齿露于唇外，呈剪刀状，便于摄取和切断食物。但由于竹鼠的门齿没有齿根，因而能够终身不断生长，所以需要不断地磨损和啃咬较硬的物体，因此，在人工饲养条件下，每天投喂食物时，除了满足其生长发育所需要的饲料外，还必须投喂 100～200 克的竹根、竹茎或竹枝等类的食物，以满足其啮齿行为的需要，见图 2-11。

图 2 - 10　竹鼠采食

图 2 - 11　竹鼠采食竹茎

第三章　竹鼠每天吃什么

第一节　竹鼠的消化特点

竹鼠的消化系统包括消化管和消化腺两部分：消化管包括口腔、咽喉、食道、胃、小肠、大肠和泄殖腔；消化腺包括口腔腺、肝、胰及消化管壁内的许多小腺体，其主要功能是分泌消化液。

竹鼠主要生活在竹林、竹与树混交林、灌木丛及草坡等地区，一般情况下，竹鼠的食物多为粗糙、含水分不多的箭竹、芦竹、棕叶竹、芒草等野生植物，无饮水习惯，为适应这种环境，竹鼠的消化道在形态和生理上产生了适应环境和生存需要的特点：小肠发达而长，为体长的 2 倍多，以加强消化机能。盲肠很短，为体长的 40% 左右。大肠很特殊，为体长的 3 倍多，以增加水分吸收作用，减少水分的流失，故竹鼠的粪粒十分干燥。同时，消化道内充满了分泌细胞，再加上门齿锐利，咀嚼能力强，以适应竹类的特殊食性。

第二节　竹鼠的营养需要

一、竹鼠所需营养成分种类与作用

1. 蛋白质

蛋白质是竹鼠生命活动的物质基础，是构成竹鼠身体肌肉、内脏、皮肤、血液、毛等组织和器官的主要成分，在竹鼠生命活动中的作用是其他营养物质所不能替代的。野生竹鼠嗜食植物，以竹根、芒草秆为主食，在自然环境中采食获得的蛋白质较少，所以生长缓慢，9～10月龄甚至更长时间才成熟。改为家养后，喂给配合饲料，饲料中的蛋白质含量大大提高，竹鼠的生长成熟期明显缩短，6～7月龄就能成熟。竹鼠在人工养殖条件下，如果蛋白质供给不足，则会引起竹鼠的消化机能减退，生长速度减缓，体重减轻，繁殖性能低下，抗病能力减弱，组织器官结构和功能出现异常，从而严重地影响竹鼠的身体健康和生产性能。

竹鼠所需蛋白质主要来源于植物性饲料，有时也有少量来源于动物性饲料。不同饲料的合理搭配能使蛋白质有良好的互补作用，也能提高饲料的营养价值。蛋白质的互补作用，实质上就是氨基酸的互补作用，如黄豆蛋白质中所含的赖氨酸就可以补充玉米蛋白质中赖氨酸不足的部分等。可见，有目的地使用多种饲料进行合理日粮搭配，可以互相弥补氨基酸的不足。

2. 碳水化合物

碳水化合物也叫糖类，是构成竹鼠机体组织的重要组成成分之一，同时，也是竹鼠主要的能量来源。竹鼠对粗纤维具有较强的消化和吸收能力。

竹鼠体内能量的70%～90%来源于碳水化合物。在竹鼠体内，碳水化合物主要分布在肝脏、肌肉和血液中，约占竹鼠体重的1%，其主要功能是产生热能、维持生命活动和体温。如果竹鼠摄取碳水化合物过多，则会在体内转换成脂肪而沉积下来，作为能量储存；如果日粮中碳水化合物供给不足，竹鼠便会利用自身体内的脂肪作为热量来源。因此必须供给竹鼠适量的能量饲料，如玉米、甘薯、马铃薯等，以满足竹鼠对热量的需求。

3. 脂肪

竹鼠身体的各种组织内均含有脂肪。如果脂肪摄入不足，则竹鼠容易患脂溶性维生素缺乏症，还会引起竹鼠生长缓慢，母竹鼠的泌乳量减少，同时，脂肪也是热的不良导体。竹鼠皮下组织中贮存的脂肪，形成柔软而富有弹性的脂肪层，能阻止热量散发，可保持体温和御寒，并能增强毛皮的光泽。此外，脂肪也是竹鼠体内供给热量的主要物质，脂肪所产生的热能相当于同等重量的碳水化合物的 2.25 倍，但是，竹鼠体内的能量来源主要是糖类而不是脂肪，其体内沉积的脂肪大部分也是由饲料中的糖类转换来的，故平时竹鼠不需要专门补充脂肪性饲料。由此可见，脂肪也是构成竹鼠身体的重要成分之一，是竹鼠生命活动中必不可少的营养物质。

但是，脂肪对于竹鼠来说是不易消化的，如果给竹鼠投喂脂肪含量较高的饲料过多，则会造成竹鼠消化不良，从而引起下痢等肠道疾病。同时，如果日粮中脂肪含量过高，则还会导致竹鼠食欲减退、生长迟缓、体况过肥、种竹鼠的配种能力下降、母竹鼠出现空怀及难产等不良后果。

4. 维生素

竹鼠对维生素的需要量很少，通常以毫克来作为计量单位。它既不是能源物质，又不是结构物质，但却是维持竹鼠身体健康和促进其生长发育所不可缺少的有机物质。维生素是竹鼠体内物质代谢过程中的必需物质，属于活化剂，虽数量少，但作用却很大，而且各种维生素相互间不可代替。

维生素按其溶解性质可以分为脂溶性维生素和水溶性维生素两大类。脂溶性维生素可在竹鼠体内蓄积数月，但是水溶性维生素却不能在竹鼠体内蓄积，需要经常由饲料供给。

（1）脂溶性维生素　凡是能溶解于脂肪中的维生素，统称为脂溶性维生素。包括维生素 A、维生素 D、维生素 E、维生素 K 等。

①维生素 A　可以促进竹鼠生长、增强视力、保护黏膜，尤

其是在幼竹鼠的生长期显得特别重要。维生素 A 仅存在于动物性饲料中，植物性饲料中虽不会有维生素 A，但却含有胡萝卜素。植物性饲料中的胡萝卜素能够在竹鼠体内转化为维生素 A，是竹鼠维生素 A 的重要来源。若维生素 A 不足，会引起竹鼠上皮组织干燥和角质化，易受细菌侵袭而发病，可引起竹鼠的生殖腺上皮细胞角化，从而导致其繁殖机能发生障碍，出现夜盲症、繁殖停止等症状。

②维生素 D　参与竹鼠体内钙、磷的吸收和代谢过程，具有维持竹鼠体内钙、磷平衡的作用。幼竹鼠如果缺乏维生素 D，则容易导致佝偻病。

③维生素 E　又叫生育酚，是维持竹鼠正常繁殖所必需的维生素，不仅能增进母竹鼠的生殖机能，而且也能改善公竹鼠的体质。维生素 E 虽然耐热，但对光、氧、碱却很敏感。在谷物类和油料类籽实的胚中以及青绿饲料、发芽的种子里，都含有丰富的维生素 E。

④维生素 K　主要作用是促进血液正常凝固。如果竹鼠缺乏维生素 K，则身体各部位会出现紫色血斑。各种青绿饲料均含丰富的维生素 K，所以，即使采用配合饲料喂养竹鼠，也不能中断对青绿饲料的投喂。

（2）水溶性维生素　凡是能溶解于水体中的维生素，统称为水溶性维生素，包括 B 族维生素、维生素 C 等。

B 族维生素包括 10 多种维生素，其中，与竹鼠生长发育和繁殖关系较为密切的主要有维生素 B_1、维生素 B_2、维生素 B_3、维生素 B_6、维生素 B_{12} 等。

①维生素 B_1　参与竹鼠体内碳水化合物的代谢，对维持竹鼠神经组织及心肌的正常功能，维持竹鼠肠道的正常蠕动及促进其消化道内的脂肪吸收均起到一定作用。如果竹鼠缺乏维生素 B_1，则会导致其食欲下降、消化不良、下痢、发生神经系统疾

病、出现神经症状（如抽搐、痉挛、肢体麻痹等），严重者昏迷死亡。糠麸、干酵母、谷物胚芽等饲料中含有较多的维生素 B_1。

②维生素 B_2　有促进幼竹鼠生长发育的功能，参与蛋白质、脂肪、碳水化合物的代谢。如果竹鼠缺乏维生素 B_2，则会引起其皮肤代谢紊乱，主要表现为皮肤干燥，表皮角质化，被毛粗糙无光、易脱落，底绒变白，肌肉无力，呈半麻痹状态，出现昏迷和抽搐。花生、菜叶、谷物籽实胚中维生素 B_2 含量丰富。

③维生素 B_3　在竹鼠机体中主要与氨基酸、脂肪和碳水化合物代谢有关。如果幼年竹鼠缺乏维生素 B_3，则会出现消化不良，生长受阻；如果成年竹鼠缺乏维生素 B_3，则会引起母竹鼠的繁殖机能障碍，其胚胎死亡率高。青绿饲料、糠麸、酵母中均含有丰富的维生素 B_3。

④维生素 B_6　主要功能是参与竹鼠体内蛋白质、脂肪和碳水化合物的代谢，有利于锌元素的吸收。如果竹鼠缺乏维生素 B_6，则会出现贫血、食欲不振、口鼻脂溢性皮炎等症状。谷物类籽实及其加工副产品、豆类、青绿饲料中都含有丰富的维生素 B_6。

⑤维生素 B_{12}　是一种红色针状结晶。它能够调节竹鼠骨髓的造血过程，也与竹鼠血液中红细胞的形成有关，所以它具有抗贫血的功能。同时，它还与氨基酸、核酸代谢有关，可提高竹鼠对蛋白质的利用效率，促进幼竹鼠的生长和发育。鱼粉中含维生素 B_{12} 丰富，肝、发酵副产品也含维生素 B_{12}。

⑥维生素 C　具有维持竹鼠牙齿和骨骼的正常功能，增强竹鼠身体对疾病的抵抗能力，还能促进竹鼠外伤的愈合。如果竹鼠缺乏维生素 C，则容易导致口腔和齿龈出血。

新鲜的蔬菜和水果中含有丰富的维生素 C。维生素 C 的水溶液极不稳定，不能让蔬菜和水果存放的时间过长，切碎加工后要立即投喂，同时尽量让竹鼠能在短时间内取食完毕。

5. 矿物质

矿物质又称为无机物或灰分，它虽然不是能量物质，但在竹鼠所需的营养成分中具有十分重要的作用。其一，它是竹鼠身体组织、细胞的成分，参与构成某些酶、激素和维生素，参与调节竹鼠体温、血液及淋巴液的渗透压，保证细胞获得各种营养物质；其二，参与形成竹鼠体内血液的缓冲体系，维持酸碱平衡。维持水盐代谢平衡；其三，维持竹鼠神经和肌肉组织的正常兴奋；其四，参与竹鼠体内食物的消化吸收过程，如胃液中的胃酸和胆汁中的钠盐，对竹鼠吸收营养物质都是必需的。

野生竹鼠所需的矿物质，相当一部分靠拱吃新鲜泥土获得，植物性食物中供应极少。改为家养后，需补喂矿物质微量元素添加剂，以满足竹鼠生长发育的需要。根据矿物质元素的含量而分为常量元素（占机体重量的 0.01% 以上）和微量元素（占机体重量的 0.01% 以下）两类。常量元素主要包括钙、磷、钾、钠、镁、硫、氯；微量元素主要包括铁、锰、钴、锌、铜、硒、碘等。矿物质元素约占竹鼠体重的 4% ~ 5%，其中，有 5/6 存在于竹鼠的骨骼和牙齿之中。

（1）钙和磷　是构成竹鼠骨骼的主要成分，钙有维持肌肉组织、神经组织、促进血液凝结的作用，与肌肉收缩代谢以及脂肪代谢有密切关系。如果竹鼠的日粮缺少钙和磷，竹鼠骨质疏松、软化，引发幼竹鼠发育不良，容易产生佝偻病、瘫痪症。缺钙可引起肠弛缓、肠炎、肠疼挛症等；缺磷时，竹鼠会啃咬栏舍，特别是水泥板或红砖砌的池边。发现竹鼠啃咬栏舍、池壁，表示竹鼠缺磷，所以日常喂食竹鼠时，一定要添加一定量的钙粉和磷粉。各种豆类和骨粉中富含钙和磷，农作物秸秆中也含有少量的钙和磷，谷物中磷多钙少，在饲料配合时应注意搭配。

（2）钾　通常存在于竹鼠的体液和软组织中，对竹鼠机体组织细胞的活动有很大的影响。缺钾时竹鼠食欲减退，心脏功能失调，容易产生心肌炎。

（3）钠　是食盐的主要成分，盐是各种动物包括人在内不可缺少的重要物质，主要作用是维持竹鼠体内酸碱度和血液间渗透压的均衡，所以竹鼠的饲料应有4%～5%的食盐，如果血液中缺盐，竹鼠心脏跳动率减低，食欲减退，生长缓慢，容易脱毛。家养竹鼠常用淡食盐水拌精料以补充钠。

（4）铁　铁是生血的重要物质，是血红蛋白的重要成分，如果竹鼠缺铁就会发生贫血。红黏土中含有大量铁，豆科和禾本科作物籽实、青绿饲料也含有一定量的铁。

（5）铜　铜和铁一样是血红蛋白的重要成分，是竹鼠血的生成、结缔组织和骨的生长的重要成分。缺铜会影响铁的正常吸收，属于营养性障碍性疾病，主要以贫血和中枢神经系统机能障碍为特征，竹鼠日粮中需经常添加一定量的硫酸铜。

（6）钴　钴是维生素B_{12}的组成部分，对促进食欲、增重有良好作用，有刺激骨髓制造红细胞的功能，缺乏时则会引起恶性贫血。

（7）锰　锰是竹鼠体内硫酸软骨素的重要组成部分，缺锰时母鼠不易受孕或不发情，公鼠性欲低下，精子成活率低。

（8）锌　锌在竹鼠体内的作用非常大，是碳酸酐酶、碱性磷酸酶、乳酸脱氢酶等的重要组成部分。竹鼠缺锌表现为皮肤结痂和龟裂，用手抓其背有皮增厚感或脱毛。

（9）碘　碘对竹鼠甲状腺的作用非常大，对机体的新陈代谢起着重大的调节作用，竹鼠缺碘可以导致甲状腺肿大，生长迟缓；怀孕母鼠容易流产或者不受孕，日粮中加鱼粉及贝壳粉可以补充必需的碘。

（10）硒　硒是竹鼠必需的矿物元素，补硒对竹鼠的渗出性素质、白肌病、肠胃病及下肢瘫痪有显著效果。缺硒仔鼠生长不良、脂肪消化不良、胰腺萎缩、跛行。

（11）镁 镁在竹鼠体内主要以碳酸盐的形式存在于骨骼中，对碳水化合物的代谢及多种酶的活化有重要作用。缺镁时，竹鼠表现骨质疏松、软骨、食欲减退、生长发育不良、心律不齐及运动失调，会发生抽搐症状，严重惊厥，并在昏迷中死亡。

6. 水分

水分是维持竹鼠组织器官的形态和机能的重要成分，约占竹鼠身体的2/3，是竹鼠体内生理反应的良好媒介和溶剂，并参与体内物质代谢的水解、氧化、还原等生化过程；它还参与体温调节，对维持体温恒定起着重要的作用。体内营养物质及代谢物的输送或排出，主要通过溶于血液的水，借助于血液循环来完成，此外，水分还起着润滑作用。因此，水对保证竹鼠机体正常的生理机能有重要意义。

竹鼠虽然需要水的量较少，但缺水比缺饲料的后果更为严重。据测定体重为1千克的竹鼠，每日基础代谢所损耗的水分为18毫升，其中，10毫升通过尿排出，通过皮肤、肺和粪便排出的水分为3毫升、4毫升和1毫升。因此，每天需要喂给不少20毫升的水，以满足竹鼠的代谢需要。竹鼠轻度缺水会引起食欲减退、消化不良；竹鼠如果严重缺水，则会引起中毒死亡；特别是在产仔哺乳期间，母竹鼠需水量为平时的2～3倍，如产仔时缺水而口渴，则母竹鼠会把仔竹鼠吃掉；如果竹鼠在哺乳期缺水，则会缺乏乳汁，仔竹鼠会被活活饿死；夏天在运输途中缺水，竹鼠极易中暑死亡。竹鼠没有直接饮水的习性，所需水分均靠采食植物间接摄取，所以，对竹鼠的喂料首先必须考虑其水分的需要，尽量按比例搭配多汁植物。

二、竹鼠对各种营养成分需要量参考值

竹鼠从日粮中摄取的各种营养物和能量，一部分用于维持生命活动需要，一部分通过生物化学作用转变成各种产品。竹鼠在

不同的生理时期，由于新陈代谢具有不同特点，所以，对营养物质和能量需求也就不一样。以下为种竹鼠和育成竹鼠对各种营养物质需要参考量（表3-1、表3-2、表3-3和表3-4）。

表3-1 竹鼠所需常规营养指标参考值

营养成分	种竹鼠	育成竹鼠
代谢能/（兆焦/千克）	9.83~11.0	9.83~10.3
粗蛋白/%	13~18	15~16
粗脂肪/%	3	3
粗纤维/%	10~16	10~16
钙/%	1.0~1.5	1.0~1.5
磷/%	0.5~0.8	0.5~0.8

表3-2 竹鼠所需微量元素指标参考值 （毫克/千克）

营养成分	种竹鼠	育成竹鼠
铁	100	100
锰	75	40
铜	10	10
锌	50	40
碘	0.2	0.2
钴	0.1	0.1
硒	0.05~0.1	0.05~0.1

表3-3 竹鼠所需维生素指标参考值

营养成分	种竹鼠	育成竹鼠
维生素A（国际单位/千克）	14 000	35 000
维生素D（国际单位/千克）	600	300
维生素E（国际单位/千克）	120	60
维生素K（毫克/千克）	3	10
维生素B_1（毫克/千克）	8	4

（续表）

营养成分	种竹鼠	育成竹鼠
维生素 B_2 （毫克/千克）	10	5
维生素 B_3 （毫克/千克）	24	12
维生素 B_5 （毫克/千克）	20	50
维生素 B_6 （毫克/千克）	10	6
维生素 B_{11} （毫克/千克）	10	10

表 3 - 4　竹鼠所需氨基酸指标参考值　　（%）

营养成分	种竹鼠	育成竹鼠
赖氨酸	1.32	0.89
蛋氨酸 + 胱氨酸	0.99	0.60
精氨酸	1.10	0.76
组氨酸	0.55	0.80
色氨酸	0.33	0.30
苯丙氨酸 + 酪氨酸	1.10	1.60
苏氨酸	0.88	0.75
亮氨酸	1.76	1.50
异亮氨酸	1.11	0.85
缬氨酸	1.21	1.00

　　任何一种物质都有它一定的营养成分，但任何单一的物质都不可能完全满足竹鼠生长对营养的需要，这就要求多种物质搭配在一起相互取长补短，把能量饲料、青粗饲料结合在一块制成混合饲料。制作饲料时应当采用当地生产数量大、来源广、价格低的经济型原料进行制作，同时要求这些原料有很高的营养性、适口性和无毒害、无不良副作用。

　　混合饲料的配制还要求根据竹鼠的喜好进行，因为竹鼠的嗅觉和味觉比较发达，所以饲料的选择必须考虑竹鼠的适口性。竹鼠喜欢吃甜味多汁的像甘蔗、皇竹草类的植物，也喜欢吃香辣微苦、带酸性的植物，如香椿树、野漆树、鸭脚木、香藤、猫爪刺等，所以，竹鼠的饲料配方必须全方位考虑周全。在饲料中还要求增加甜味剂和芳香剂以刺激竹鼠的食欲，同时还要在了解竹鼠的生活习性上考虑竹鼠营养的均衡。竹鼠属低营养、低蛋白的啮齿类动物，饲料配合一定要含多种维生素，并且蛋白含量也不能超过一定的范围。经实践证明，竹鼠生长需要的蛋白质在14%～17%比较合适，过低影响竹鼠生长，仔鼠成活率低。长时间喂蛋白质含量高的食物会引起竹鼠肠道发生病变，甚至出现食物中毒性疾病。

第三节　竹鼠的常用饲料

一、竹鼠的饲料种类

竹鼠的饲料按营养特点和用途可以将其分为青粗饲料、果蔬类饲料、籽实类饲料、块根类饲料、糠麸类饲料、饼粕类饲料、动物性饲料、矿物质饲料、饲料添加剂和药物类饲料等类型。竹鼠是典型的植食性动物，对粗纤维类的饲料消化率极高。在野生条件下，主要采食以植物的根茎类为主的粗饲料。但在人工饲养条件下，除了饲喂粗饲料外，还需添补一定量的精饲料，一般粗饲料占日粮（干物质）的70%～80%，精饲料占日粮（干物质）的20%～30%。以下介绍竹鼠各类型饲料的种类，各养殖户可根据当地的实际条件进行选择和合理调配。

1. 青粗饲料

凡含粗纤维18%以上的青绿饲料，都称为青粗饲料。适合喂养竹鼠的青粗饲料主要有以下几类。

（1）竹枝叶类　主要包括鲜嫩的竹枝叶、竹根、嫩竹茎秆和竹笋等，见图 3 – 1。

图 3 – 1　竹鼠青粗饲精

（2）树枝条类　主要包括柳树、杨树、芒果和榕树等的树枝和树皮。

（3）芒草类　主要包括芦芒草、芭芒草、王草、象草、皇竹草、鱼腥草等的根和茎。

（4）作物茎秆类　主要包括玉米茎秆、玉米穗芯、甘蔗茎和甘蔗尾等。由于甘蔗茎含有丰富的水分，有时也将其列入多汁饲料。

（5）作物藤蔓类　主要包括甘薯藤、花生藤和金樱子藤等。

2. 果蔬类饲料

果蔬类饲料也称为多汁饲料，其种类主要有南瓜、冬瓜、黄瓜、西瓜皮、甜瓜皮、香瓜皮、莴苣、荸荠、蓝头、白萝卜、胡萝卜和凉薯等，见图 3 – 2。果蔬类饲料不仅是维生素 C、维生素 K 和维生素 E 的主要来源，而且也是竹鼠日粮中补充水分的重要途径。

3. 籽实类饲料

籽实类饲料含有丰富的淀粉，是竹鼠所需能量的主要来源。在竹鼠日粮中，目前养殖户常用的籽实类饲料主要是玉米和稻谷

图3-2 竹鼠果蔬类饲料

（一般日粮中10%~20%为宜），见图3-3。其中，玉米可以加工成粉状，也可以直接饲喂。稻谷一般碾后将糠麸和大米分开利用，大米煮熟成米饭，糠麸则直接拌料饲喂。

图3-3 竹鼠籽实类饲料

4. 块根类饲料

在竹鼠日粮中，常用的作物块根类饲料是甘薯、马铃薯等。这类饲料含有丰富的淀粉，也是竹鼠所需能量的主要来源。

5. 糠、麸类饲料

糠、麸类饲料属于稻谷、小麦加工的副产品。如麦麸、米糠，见图3-4，此类饲料含粗纤维较高，能量低，含有丰富的B族维生素和矿物质磷，但钙含量少。由于麸皮和米糠中富含纤维素，适合竹鼠的消化生理特点，在配制日粮时，应保证一定的比例。

图3-4 竹鼠糠麸类饲料

6. 饼粕类饲料

饼粕类饲料是豆类及含油的籽实榨油后的副产品，包括大豆饼粕（日粮中5%～20%为宜）、花生饼粕、葵花籽饼粕和菜籽饼粕等，见图3-5，此类饲料含蛋白质高，因此它们与动物性饲料常被合称为蛋白质补充料。由于其价格较动物性饲料低廉，因此是竹鼠饲料中蛋白质的主要来源。

7. 动物性饲料

动物性饲料是动物体及动物体食品加工的副产品，如鱼粉（日粮中2%～5%为宜）、肉骨粉（日粮中不超10%）、蝇蛆蛋白粉等，见图3-6，它们通常含较高的蛋白质和其他多种营养成分，也是竹鼠饲料蛋白质的来源之一。但由于成本较高，故在竹鼠日粮中的用量较少。

8. 矿物质饲料

矿物质又称为无机物或灰分，所以，被称为"无机物类饲

图 3 - 5 竹鼠饼粕类饲料

图 3 - 6 竹鼠矿物质类饲料

料"。在竹鼠日粮中，应添加适量的骨粉、石粉、蛋壳粉、贝壳粉（一般日粮用量 1% ~ 3%）、磷酸氢钙和食盐（日粮中0.3% ~0.5% 为宜）等。

9. 饲料添加剂

为完善日粮的生物学价值，提高饲料的利用效率，促进竹鼠的生长发育，应在竹鼠的配合饲料中加入饲料添加剂。竹鼠所使用的饲料添加剂常见的有氨基酸、维生素、微量元素等。

（1）氨基酸　作为饲料添加剂的氨基酸主要是饲料中含量少而为竹鼠必需的氨基酸，包括赖氨酸、蛋氨酸，其中，尤以添加赖氨酸效果最好。

（2）维生素　已列入饲料添加剂的维生素有维生素 A、维生素 E、维生素 K、维生素 H、维生素 B_4、维生素 B_5、维生素 B_6 和维生素 B_{11} 等。

目前，国内饲料添加剂厂生产的维生素添加剂是多种维生素的混合物，也称复合维生素，使用时应考虑其化学稳定性及生物学价值，要避免在饲料加工中对维生素的破坏，还要注意长期贮存会使维生素效价降低。

（3）微量元素添加剂　种类很多，可使用市售的畜禽微量元素添加剂。微量元素在日粮中含量极微，应按照其使用说明书上的用量使用。为了防止微量元素中毒和发挥其应有的效力，应在饲料中将微量元素充分拌匀。

10. 药物类饲料

竹鼠在野生状态下可采食多种植物饲料，其中，有些植物就是很好的中草药，具有防病治病的作用，常给竹鼠投喂的药物类饲料主要有以下几种。

（1）茅草根（白茅根）　具有抑菌、抗炎、止血利尿、清凉消暑的作用，可作夏季高温期的保健饲料，主要用于水肿、湿热黄疸病的防治。

（2）八角枫叶　具有祛风通络、散瘀止痛的作用。

（3）桉树枝　具有杀灭滴虫、清热解毒、治疗肠炎及皮炎等疗效。

（4）白背桐（野桐）　具有降血压、扩张血管、止血止痛及抗炎的作用，喂其根茎可治疗竹鼠内伤、外伤、疔疮和脓肿。

（5）巴豆　具有抑细菌，抗病毒，杀灭寄生虫和泻下作用。

（6）白花蛇舌草　具有提高机体免疫功能、抗感染及增强肾上腺皮质功能的作用。

（7）白头翁　具有镇静镇痛，抑制细菌、滴虫、阿米巴原虫和锥虫，解毒、清热、止痢、凉血的疗效。

（8）野辣椒（山胡椒）　具有健肾、消食、理气、杀虫功效，能抗血小板聚集、血栓形成、溃疡和腹泻。

（9）百合　具有抗外源激素性肾上皮质萎缩和升高外周白细胞数量的功能，主要用于止咳润肺等。

（10）金樱子　具有止痢、消肿功效。竹鼠腹泻，采其根茎投喂，效果很好。

（11）金银花　具有清热、解毒功效，可防治竹鼠肠道感染和中暑、感冒。

（12）板蓝根　具有抑细菌、抗病毒、增强免疫功能和杀灭钩端螺旋体的作用，主要用于流行性感冒等。

（13）野漆　具有开胃消食功能，喂食竹鼠能健胃促生长。

（14）山楂　促进胃酶分泌和脂肪类食物消化，具有开胃、增强食欲、增强繁殖能力的作用。

（15）槟榔　抑制皮肤真菌感染和流感病毒，驱除肠道寄生虫，促进胃肠蠕动。

（16）茶叶　增强免疫力，能强心、抗凝血、利尿，有利药物中毒病症的治疗。茶叶富含鞣酸，鞣酸能使蛋白质凝固，生成一种块状、不易消化的物质——鞣酸蛋白，但多吃茶叶会使竹鼠出现便秘。

（17）柴胡　具有抗氧化、镇咳、镇痛、抗炎、抗应激性溃疡、调节免疫功能。

（18）鸭脚木　具有治疗感冒发烧、咽喉肿痛、跌打瘀积的作用，常喂鸭脚木根茎可防治流感和医治内外创伤。

（19）枸杞　促进造血功能，兴奋胃肠蠕动，刺激母鼠排卵，明目润肺，具有清热凉血功效。竹鼠发热，眼屎多，采其根茎喂食效果奇佳，对肝肾阴虚等疗效显著。

（20）榕树　具有清热消炎功效，采其根茎喂竹鼠，可防治感冒和眼结膜炎。

（21）大青叶（路边青）　具有消炎杀菌，调节免疫能力；抗病毒，抑制肠蠕动，兴奋子宫平滑肌并加强其宫缩能力。主要用于防治竹鼠肠炎、口疮、咽喉肿痛、菌痢。

（22）穿心莲　具有抑制细菌和病毒、解热镇痛、消炎止咳、平喘等功效。投喂竹鼠主要用于湿热、泻痢及病毒的治疗。

（23）地桃花　具有祛风利湿、清热解毒的功效，可治疗竹鼠四肢麻痹及破伤风。

（24）番石榴（未成熟果实）　具有收敛止痢功效，足治疗竹鼠腹泻很好的植物。

（25）大枣树　具有增加血液中环磷腺甘含量，强肝润肺、健脾补肾、安神养血的功效。

（26）杜仲枝　提高免疫能力，激活细胞免疫功能。具有抗菌、降血压、镇静、利尿、补肝肾、强筋骨等作用。

（27）甘草　具有抗病毒、增强机体非特异性免疫功能、益气补脾、止咳润肺、缓和药性等疗效。

（28）黄芪　具有加快心率、改善微循环、抗心肌缺血、抑制血小板聚集的作用，可调节血糖。

（29）金银花（忍冬）　具有广普抗菌、清热解毒功效，主要用于竹鼠中暑、感冒和肠道感染。

（30）金钱草　具有调节机体免疫功能，利胆、利尿功效。

（31）苦瓜　具有抑制细菌、抗病毒的作用，主要给竹鼠生津止渴用。

（32）苦楝　一般用于驱除寄生虫，有驱除线虫和蛔虫的功效，主要用于竹鼠蛔虫病的防治。

（33）雷公藤　增强肾上腺皮质功能，抗炎、镇痛，有杀菌、灭蚊、蝇、蛆和蛹等作用。

（34）麦冬　降血糖、增强细胞和体液免疫功能，主要治疗竹鼠舌干渴、肠燥及便秘等。

（35）麦芽　具有抗真菌、降血脂，抑制乳腺细胞分泌，促进胃蛋白酶和胃液分解的功效，有利于消化。

（36）木瓜　主要作用是通乳，也是治疗竹鼠急性、细菌性痢疾的良药，还可利于消化，促进食欲。

（37）枇杷　具有抑制细菌，止咳平喘，防止流感病毒，治疗肠胃湿热的功效。

（38）山豆根　抗过敏，降血压，抗菌、平喘，主要用于竹鼠肺热咳嗽的治疗。

（39）王不留行　主要有行血下乳、活血通络的作用，竹鼠母鼠产仔后乳腺阻滞不通，乳汁难下服，此药效果颇佳。

（40）仙人掌　具有抗病毒，抑制病毒复制并使细胞外病毒失活功能，常用于竹鼠急性菌痢。

（41）小茴香　具有抗真菌、结核杆菌和葡萄球菌的作用，主要用于调节竹鼠胃肠功能，公鼠患睾丸肿胀用小茴香口服疗效很好。

（42）鱼腥草　调节竹鼠机体功能，多用于利尿、热淋和肺脓肿等症。

（43）紫苏　具有抑制细菌、真菌，抗绿脓杆菌作用；多用于竹鼠脾肾气滞、外感风寒、咳嗽等症。

（44）艾叶　抗病毒，抑细菌，调节免疫功能，激活补体；多用于竹鼠应激反应、利胆保肝，抗凝血及止血，对母鼠有兴奋子宫的疗效。

（45）绿豆　具有消暑的功效。煮熟投喂或煮成绿豆粥拌粉状饲料投喂，夏季可消暑。

二、竹鼠饲料的贮藏技术

为保证竹鼠饲料的品质，需要进行合理的贮藏。如果饲料贮藏不当，轻则饲料营养物质流失或被破坏，被竹鼠食后，会缓慢表现出营养不良症状；重则引起饲料中毒，可使竹鼠大批死亡，给养殖场带来巨大的经济损失。可见，搞好竹鼠饲料的贮藏保鲜工作，对竹鼠的人工养殖是非常重要的。

1. 籽实类

各种粮食的发霉变质主要是因温度高和湿度大造成的。发霉变质的作物籽实易引起黄曲霉毒素中毒，所以，这类饲料入库前，首先晾晒干燥，使水分降低到12%以下。保存粮食的仓库必须保持干燥，通风良好。

2. 块根类

这类饲料收获后，根据不同种类，先晾晒数小时，减少水分，除去机械损伤和腐烂的，然后分类放入设有分层格架的土窖内。

3. 果蔬类

这类饲料收获后，应根据不同种类，先晾晒几个小时或数日，减少水分，除去烂果、烂叶，然后放入设有分层格架的窖内，堆成小垛，保证各垛间的空气流通。每隔5~7天倒一次堆，并除去腐烂果菜，窖温不应低于0℃。

三、竹鼠饲料品质的鉴定技术

对来路不明或从外地购置的饲料，必须进行卫生检疫，特别对人畜共患的传染病进行检疫。

每次出库或由外地贮入的饲料，都要进行感官检查。质量好的粮食颜色正常、无毒、干燥、散落（无虫蛹）。不新鲜或开始变质的粮食气味异常、潮湿、发热、黏结。新鲜瓜果类饲料光亮，表面无霉点、不粘手、无异味。变质的瓜果，表面有残伤或腐烂、粘手、有异味。对于蔬菜则主要观察是否有生虫、发黄、发霉或腐烂等情况，是否有残留农药气味，如发现上述异常变化，应作相应处理才能使用。

第四节　竹鼠的饲养标准

竹鼠一般都是白天睡觉，晚上和第 2 天清晨起来活动、采食及交配，所以早上喂食一定要早，并且少喂些，白天让它睡觉，晚上多喂，并且依竹鼠的各年龄段在不同季节进行合理的搭配，做到科学饲养、定时投料、精心护理。

竹鼠作为植物性杂食类啮齿动物，胃肠道非常发达，加上盲肠内微生物的作用，能有效地将体积较大的坚硬的竹子等高纤维物质进行彻底消化，成年竹鼠一般一天消耗的青粗饲料为 100 ~ 250 克，精饲料 15 ~ 30 克，所以，竹鼠主要以青粗饲料为主食。但是单吃青粗饲料不能满足其快速生长各年龄段的营养，特别是母鼠的繁殖时期必须补充适量的精饲料。竹鼠在不同的饲养阶段及不同季节日粮的饲喂标准见表 3 – 5。

表 3 – 5　竹鼠日粮标准饲喂量　　　　　（单位：克）

饲养阶段	季节	春秋季		夏季			冬季	
		青粗饲料	精饲料	水质饲料	青粗饲料	精饲料	青粗饲料	精饲料
种公鼠	早	120	14	60	120	12	150	14
	晚	150	16	40	150	15	150	16
怀孕 母鼠	早	100	13	70	100	10	100	13
	晚	150	17	50	150	15	150	17
哺乳 母鼠	早	70	13	100	100	10	100	10
	晚	150	17	50	50	15	100	20

（续表）

饲养阶段	季节	春秋季		夏季			冬季	
		青粗饲料	精饲料	水质饲料	青粗饲精	精饲料	青粗饲料	精饲料
断奶仔鼠	早	30	7	15	50	7	60	8
	晚	50	8	20	80	8	40	10
青年鼠	早	100	12	40	120	15	100	10
	晚	150	15	60	150	15	150	15

竹鼠从哺乳期到正常交配繁殖的时间并不是很长，7个月就可以了。在这期间需要补充各种维生素以及蛋白质、脂肪和无机盐，因此，必须从饲料中获得多种营养才能满足竹鼠生长的能量，各种植物所含的营养成分又不相同，这就要求在竹鼠养殖过程中食物一定要多样化，取长补短，合理搭配，尽可能达到营养均衡，做到既有利于竹鼠的健康成长，又有利于蛋白质互补作用得到充分发挥，不使营养过剩而流失掉。

竹鼠嗅觉、味觉灵敏，突然更换饲料会遭拒食或少食，如果必须更换时，要注意逐步过渡，开始头2~3天更换1/3需更换的饲料，过一周再更换1/3，过一周再更换1/3，这样就可以使竹鼠胃肠道消化腺对新更换的饲料有一个适应的过程，才更有利于肠道的消化与吸收，不然很容易发生肠道疾病。

竹鼠对饲料的品质很讲究，饲喂前一定要检查，植物性饲料要清洁卫生、无污染、无农药残留、新鲜优质；精饲料要颗粒饱满，无虫、无霉变，不变质、不变性，适口性好。

竹鼠饲喂方式很简单，每日早晚投料一次。任其自由采食，但必须定时定量。定时就是每天投料的时间、次数基本固定；定量就是根据竹鼠各年龄段生理特点、季节变化、体重大小、采食量和排粪便情况制定出每天喂食的量。

幼鼠少喂青粗饲料，多喂精饲料；成年竹鼠多喂青粗饲料，少喂精饲料；瘦弱者多投能量、蛋白高的饲料，粪便干涸的多喂青绿饲料，粪便湿稀的多喂青粗饲料。患病的竹鼠可选择饲喂植物性药物饲料，利用植物性药物治疗疾病，比用药或打针更有利于竹鼠康复，但有一个原则：早上喂食中午必须吃完。傍晚喂食睡觉前检查必须吃干净。剩余的应全部清理掉以防患病。

饲喂时，还要根据季节不同适当调节饲喂的比例，在冬天可多喂精饲料，夏天多喂多汁的饲料，但有一点必须注意，喂八成饱就行了，不能喂得太饱。

第五节　竹鼠的日粮配制

一、竹鼠的日粮配制原则

1. 遵循竹鼠的消化生理特点

竹鼠的消化器官构造和消化酶的特点适合于消化吸收植物性饲料，并且其不直接饮水，而是从饲料中吸取水分。所以，在配制日粮时，必须以植物性饲料为主，适当搭配一定比例动物性饲料，同时还要保证饲料中的水分含量能够满足竹鼠的生理需要。

2. 保证竹鼠的营养需要

竹鼠在不同饲养时期，对各种营养物质的需要量有所不同，在拟定日粮时要根据饲料所含的营养成分及热量，按照竹鼠不同生理时期营养需要的特点，尽可能满足竹鼠生长、发育和繁殖的营养需求。

3. 调剂搭配要合理

拟定日粮时，要充分考虑当地的饲料条件和现有的饲料种类，尽量做到营养全面，合理搭配。特别要注意运用氨基酸的互补作用，满足对必需氨基酸的需要，提高日粮中蛋白质的利用率。既要考虑降低饲料成本，又要保证竹鼠的营养需要。

4. 避免拮抗作用

因各种饲料的理化性质不同，搭配日粮时，相互有拮抗作用或破坏作用的饲料要避免同时使用。

5. 保持饲料品种的相对稳定

在固定饲养的地区或场所，配制日粮时，还要考虑过去日粮水平、竹鼠群体的体况以及存在的问题等，同时也要保持饲料的相对稳定性，避免饲料品种的突然改变，否则将会引起竹鼠的消化功能紊乱。

二、竹鼠的日粮配制方法

竹鼠的日粮通常由青粗饲料和配方饲料两大类组成。其中，配方饲料由籽实类饲料、糠麸类饲料、饼粕类饲料、动物性饲料、矿物质饲料、饲料添加剂等按一定的比例配制而成。此外，还应根据当地的饲料资源、不同季节、竹鼠不同的发育阶段和身体状况等具体条件，加喂适量的果蔬类饲料（多汁饲料）、块根类饲料和药物类饲料。

1. 提供多样化的青粗饲料

饲喂竹鼠的青粗饲料品种不能太单一，每天应投喂 2 ~ 3 种青粗饲料，青粗饲料的投喂量占总日粮（干物质）的 70% ~ 80%，每日每只成年竹鼠投喂量为 100 ~ 250 克。目前我国竹鼠养殖场最常用的青粗饲料主要有竹枝叶、王草、象草、皇竹草、芒草、玉米茎、玉米穗芯、甘蔗、甘薯藤等，见图 3 - 7。由于竹鼠对竹类饲料尤为喜爱，所以每周至少需喂 2 次竹枝叶，同时，每天还应保证饲养池内有一定量的短竹茎，以供竹鼠自由磨牙。

2. 供给全价的配方饲料

配方饲料的投喂量占总日粮（干物质）的 20% ~ 30%，每日每只成年竹鼠投喂量为 10 ~ 20 克。竹鼠在不同发育阶段的饲

图 3 - 7　竹鼠采食青粗饲料

料配方如表 3 - 6 和表 3 - 7，以供参考。

表 3 - 6　不同发育阶段的竹鼠饲料配方　　　　　　（%）

原料	幼竹鼠	育成竹鼠	种竹鼠
玉米粉	70	65	58
麦麸	10	18	25
豆粕粉	13	10	10
鱼粉	3	3	3
预混料	4	4	4
合计	100	100	100

表 3 - 7　竹鼠饲料配方中的预混料配方　　　　　　（%）

序号	原料	配比	序号	原料	配比
1	兽用微量元素添加剂	5.00	6	赖氨酸	0.50
2	兽用复合维生素	1.00	7	蛋氨酸	0.25
3	碳酸钙	33.60	8	食盐	12.50
4	磷酸氢钙	26.40	9	抗氧化剂	0.15
5	氯化胆碱	0.70	10	载体	19.90
				合　计	100

有时为了简便起见，也可以利用市售的4%仔猪预混料替代幼竹鼠和育成竹鼠的预混料，用4%种猪预混料来替代种竹鼠的预混料。

3. 其他饲料的适当补充

（1）果蔬类饲料　哺乳期和怀孕期的母竹鼠和幼竹鼠应适当补充果蔬类饲料，以满足其对水分的生理需求。此外，在饲料水分含量不足时，还要适当补充果蔬类饲料。果蔬类饲料的种类可以多样化，但必须控制总量，否则会引起竹鼠患肠道疾病。

（2）块根类饲料　在块根类饲料丰富的地区，可以补充一定量的块根类饲料。由于甘薯和马铃薯等块根类饲料不仅富含水分，而且富含能量物质，所以，在投喂这类饲料时，要适当减少配方饲料中玉米粉的含量，每日每只成年竹鼠投喂块根类饲料量为30～50克。

（3）药物类饲料　为了预防竹鼠疾病的发生，常在不同的季节适当补充一些药物类饲料。如在春秋季节，可投喂野花椒、鸭脚木、细叶榕、地桃花和大青叶之类的保健药物，用于预防感冒等；在盛暑季节，可投喂茅草根、金银花、绿豆和枸杞之类的保健药物，用于清凉消暑等。保健药物饲料的投喂量以30克左右为宜。

三、竹鼠饲料的加工与调制

饲料加工与调制是否得当，直接影响到竹鼠的食欲和生产效果。因此，应严格遵守饲料加工操作规程，按照日粮表配合饲料。各种饲料的加工方法有所不同，分别叙述如下。

1. 块根类饲料的加工

块根类饲料除掉污迹和泥土，削去根和腐烂部分，洗净切碎后直接饲喂。

2. 果蔬类饲料的加工

水果、蔬菜要除掉污迹和泥土，削去根和腐烂部分，洗净切碎后直接饲喂。瓜类和蔬菜叶类以搭配饲喂较好，同时，应采用新鲜的水果和蔬菜，尤其是蔬菜，要严禁大量堆积，温度达 30～40℃时，蔬菜中的硝酸盐被还原成亚硝酸盐，放置时间越长，其含量越多。蔬菜也不能在水中长时间浸泡，腐烂的部分应摘去。

3. 禾本科籽实类饲料的加工

禾本科籽实类饲料去掉粗糙的皮壳后，粉碎成粉状，不宜长时间存放，一般以5～7天用完为好。

4. 饼粕类饲料的加工

饼粕类饲料粉碎成粉状，不宜长时间存放，一般以5～7天用完为好。

5. 预混料的加工

将预混料的各种原料粉碎成粉状，然后充分搅拌均匀，见图3－8，不宜长时间存放，一般以5～7天用完为好，但加了抗氧化剂的预混料可以适当延长存放期。

图3－8　麝鼠预混料加工

6. 配方饲料的加工与调制方法

配方饲料的加工与调制方法是按照配方将各种成分的粉状物充分搅拌均匀，存放时间不宜超过 15 天。投喂时，加入 20% 的饮用水拌湿。

饲料加工调制后，机器、用具要进行彻底洗刷，夏天要经常消毒，预防疾病发生。

第四章　竹鼠繁育技术

第一节　竹鼠的生殖生理

一、竹鼠的生殖器官

1. 公鼠的生殖器官系统

公鼠的生殖器官由睾丸、附睾、输精管、副性腺（精囊腺、前列腺、尿道球腺）和阴茎等组成，见图4-1。

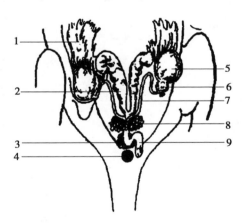

图4-1　公竹鼠生殖器官解剖

1-脂肪　2-精囊腺　3-尿道球腺　4-肛门　5-睾丸　6-附睾

7-输精管　8-前列腺　9-阴茎

公鼠性成熟后，就具有性活动。生殖器官发育完全，可产生性细胞，并有性欲要求，出现第二性征称性成熟。性活动是指性欲，阴茎勃起、交配和射精等性行为。

2. 母鼠的生殖系统

母鼠的生殖器官由卵巢、输卵管、子宫、阴道和外阴构成，见图4-2。

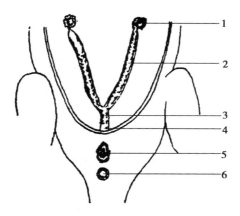

图4-2 母竹鼠生殖器官解剖
1-卵巢 2-子宫角 3-子宫颈 4-阴道 5-阴门 6-肛门

母鼠性成熟后，周期性地出现性活动。第一次性活动开始，到第二次性活动出现，称性周期。全期可分性兴奋期、性抑制期和性均衡期。性兴奋期母鼠表现食欲减退、性凶烈，出现性欲；外阴肿胀、阴道流出黏液等变化，称为发情。此时，应及时配种，提高受胎率。

二、竹鼠的繁殖生理

1. 竹鼠性别鉴别

幼竹鼠主要从两个方面进行鉴别：第一，观察乳头，如果竹鼠的后腹两边有两排乳头，则是母竹鼠，如果没有成排的乳头则是公竹鼠;第二,观察阴户与肛门的距离,如果阴户与肛门的距离很近,则是母竹鼠,如果阴户与肛门的距离较远,则是公竹鼠。性成熟的公母竹鼠主要从外生殖器进行鉴别。如果有显露的睾丸,则一定是公竹鼠,否则便是母竹鼠,见图 4-3。

图 4-3 竹鼠性别鉴别

2. 性成熟

仔鼠生长发育到一定的年龄,公鼠的睾丸能生成具有受精能力的精子。母鼠卵巢能产生成熟卵子。中华竹鼠一般在 7~8 月龄达到性成熟,最早的到 4 月龄便可达到性成熟,最晚的要到 10 月龄才达到性成熟;大竹鼠和银星竹鼠一般在 9~10 月龄达到性成熟,最早的到 7 月龄便可达到性成熟,最晚的要到 12 月龄才达到性成熟。竹鼠达到性成熟后,虽然也能配种繁殖,但是由于身体各器官发育不是很完全,过早的配种繁殖不仅会影响竹鼠本身的生长发育,而且配种后受胎率低、产仔鼠少、仔鼠的初生体重低和成活率也低。但是过晚配种也会影响公、母鼠的生殖功能和繁殖能力，故母鼠一般控制在 8 月龄以后。

竹鼠性成熟的迟早，与其出生时间、饲养条件、营养水平以及遗传因素有关。

3. 繁殖季节

竹鼠不是严格的季节性发情动物，其性活动全年均可进行。性成熟后的成年公竹鼠常年随时可以交配，不受季节的限制。

母竹鼠虽然全年都可以发情交配，但以春季和秋季为发情配种旺季。在其他饲养管理水平较好的前提下，如果夏季能够采取有效的降温措施（如装有人工空调设备等），冬季能够采取有效的保温措施（如有升温的暖气管道设备等），那么夏季和冬季也能正常发情和配种。

4. 性周期

母竹鼠达到性成熟后，周期性地出现性活动。从第一次性活动开始，到第二次性活动出现之前，称为一个发情周期。一个发情周期可分为发情期和发情间期两个时期。母竹鼠在每个发情季节里有 2～4 个发情周期，每个发情周期间隔 16～18 天，发情持续期为 2～3 天。

5. 妊娠期

公、母竹鼠交配后，如果没有妊娠，1 个月左右，母竹鼠会再次发情；如果交配成功，则母竹鼠进入妊娠期。在妊娠期中，有些母竹鼠还会出现假情现象。不过假情时，仅阴户微红肿，很少有黏液流出，愿意接近公竹鼠，有求偶行为，但并不接受交配。在妊娠期内，母竹鼠食欲增加，活动量减少。尤其是在妊娠后期，每天除吃食外，基本上不活动，体内脂肪储存量增加，身躯肥胖似圆筒状，被毛油亮有光泽。

竹鼠的妊娠期一般为 60 天左右。

6. 产仔过程

母竹鼠在产前 1 周左右乳头露出，停止取食，活动量减少，常常趴卧不动。临产前行动不安，似有腹痛表现，并发出"咕咕"的叫声，后腿弯蹲如排粪状，并叼草作窝。临产时阴部排出紫色或粉红色的羊水和污血。产仔时头部先露出来，然后才是身体。待仔竹鼠产出后，母竹鼠随即咬断脐带，并吃掉胎盘，舔干仔竹鼠身上的羊水，母竹鼠一般每胎产仔 3~6 只，多者可达到 8 只。整个产程 1.5~4 小时。

母竹鼠产仔时，决不可受到惊吓，否则有弃仔拒哺甚至吃掉幼仔的现象发生。仔竹鼠从出生到离窝，均不需要人为的照料。

7. 哺育期

在自然状态下，竹鼠的哺乳期为 50~60 天；在人工养殖条件下，竹鼠的哺乳期一般可以人为地缩短为 35~45 天。

8. 使用年限

公母鼠的使用年限一般是 4 年左右。如果体质健壮，使用合理，配种年限可适当延长。所以在实际养殖生产中，2 岁左右的公鼠配种成功率和受胎率是最高的。应根据情况及时淘汰衰老种鼠，以提高竹鼠的配种繁殖成功率。

第二节　竹鼠的选种技术

选种是竹鼠人工养殖最关键的环节之一。挑选品质优良、健康的群后代作为种鼠进行饲养繁殖，是养殖场发展壮大最基本的条件。目前，各地饲养的竹鼠，其个体大小与繁殖率高低差异较大。例如，银星竹鼠，有的成年竹鼠的体重超过 2 千克，而有的成年竹鼠则还不到 1 千克；有的母竹鼠年产可达 3~5 胎，每胎 3~6 只，而有的母竹鼠年产仅 1~2 胎，每胎 1~3 只。由此可见，掌握好选择优良种竹鼠的技术是获得高产的关键技术之一。竹鼠的选种工作应该从刚开始建场引种时就要进行，此后该项工作应贯穿整个竹鼠养殖过程。

一、选种依据和标准

竹鼠的选种应以个体品质、谱系和后裔鉴定等综合指标为依据。

1. 个体品质鉴定

个体品质鉴定主要包括皮毛、体型、体重、抗病力和繁殖力等方面的鉴定。

（1）皮毛鉴定　所有竹鼠种类均要求全身皮肤光洁，无损伤；被毛具有光泽，富有弹性，无缠结。

成年中华竹鼠要求背部被毛厚密而柔软，呈棕灰色，并长有白尖针毛。腹毛稀疏，色白而暗；幼年中华竹鼠通体毛色为深灰黑色，见图4-4。

图4-4　中华竹鼠种鼠

银星竹鼠要求背部被毛粗糙，呈褐灰色，毛基灰色，具有许多带白色的针毛伸出于毛被之上，并带闪光。腹毛稀疏，呈纯褐灰色，见图4-5。

图4-5　银星竹鼠种鼠

大竹鼠通体被毛稀疏而粗糙。面颊毛色棕红色，体背和体侧为淡灰褐色。腹毛灰白色，见图4-6。

图4-6　大竹鼠种鼠

（2）体型鉴定　竹鼠体型鉴定一般采用目测和度量相结合的方法。

所有竹鼠种类均要求体型较大、胖瘦适中。其中，中华竹鼠体长达到 28 厘米以上；银星竹鼠体长达到 32 厘米以上；大竹鼠体长达到 38 厘米以上。

鼻孔要求轮廓应明显，无鼻液。口腔黏膜无溃疡，下颌无流涎。

眼睛要求明亮有神。

耳廓完整，无癣痂，耳内无积垢。

雌性中华竹鼠的胸部有 1 对乳房，腹部有 3 对乳房；雌性银星竹鼠的胸部有 1 对或 2 对乳房，腹部有 3 对乳房；雌性大竹鼠的胸部有 2 对乳房，腹部有 3 对乳房。

四肢要求无伤残，灵活，足垫发达，富有弹性，爪长而锐利。

肛门口及其四周洁净。

母竹鼠外阴无炎症。

（3）体重鉴定　雌性中华竹鼠的体重达到 1 千克以上，雄性中华竹鼠的体重达到 1.5 千克以上；雌性银星竹鼠的体重达到 1.5 千克以上，雄性银星竹鼠的体重达到 2 千克以上；雌性大竹鼠的体重达到 2 千克以上，雄性大竹鼠的体重达到 2.5 千克以上。

（4）抗病力鉴定　身体健康，无任何不良习惯，无任何慢性疾病，抗病能力强。

（5）繁殖力鉴定　成年公竹鼠交配时间早，中华竹鼠最迟不超过 10 月龄，银星竹鼠和大竹鼠最迟不超过 12 月龄。性情温顺，精力旺盛，性欲强。配种能力强，精液品质良好，受配母竹鼠产仔率高。雌性银星竹鼠和雌性中华竹鼠年产 3 胎以上，胎产 3 头以上；雌性大竹鼠年产 2 胎以上，胎产 2 头以上。

成年母竹鼠发情早，中华竹鼠最迟不超过 9 月龄，银星竹鼠和大竹鼠最迟不超过 11 月龄。产仔能力强，要求雌性银星竹鼠和雌性中华竹鼠年产 3 胎以上，胎产 3 只以上；雌性大竹鼠年产

2 胎以上，胎产 2 只以上。各种母竹鼠均要性情温顺、母性强、泌乳能力好。

2. 谱系鉴定

首先了解种竹鼠个体间的血缘关系，将 3 代祖先范围内有血缘关系的个体归为一个亲属群内，然后分清亲属个体的主要特征，如皮毛、体型、繁殖力等，对几项性状指标进行审查和比较，查出优良个体，并在后代中留种。

只有谱系清楚，才能避免近亲繁殖。

3. 后裔鉴定

根据后裔的生产性能考察种竹鼠的品质、遗传性能和种用价值。后裔生产性能的比较方法有 3 种。即后裔与亲代之间、不同后裔之间、后裔与全群平均生产指标比较。

二、选种方法

选种本身并不能影响到竹鼠的遗传物质，但是，通过选种能改变竹鼠不同基因的频率，从而使竹鼠的整个基因型发生变异。当不断选留优良性状的竹鼠时，就会使竹鼠的优良性状基因（如抗病力强、繁殖率高等）的频率增加，并对数量性状有利（如体型大、体重大等）的基因得到积累，从而提高种群的质量。

要做好选种工作，必须要有明确的饲养目的，即通过选种达到什么目的，解决什么问题等。一般而言，对竹鼠的选种主要是对竹鼠遗传力较高的数量性状（体重、体长、产仔率、泌乳力等）进行选择，选择体型较大、身体健壮、适应性强、繁殖性能好的优良种群。

对于竹鼠的性状选择，常采用以下几种方法。

1. 个体选择法

这种方法是完全根据竹鼠个体的表现型值来选择适应于遗传

力较高的性状。体重、体长、皮毛等性状，在个体之间表现型的差异，主要是由遗传上的差异所致。所以，采用个体选择法就能获得较好的选择效果。

2. 家系选择法

以整个家系作为一个单位，根据竹鼠家系成员的平均表现型值来进行选择。它适用于遗传力较低的性状的选择，如繁殖力、泌乳力、成活率等性状。

3. 综合指数法

同时选择几个性状，按每个性状的遗传力和经济意义综合成一个指数，将各性状的数值相加，求得选择指数，然后按指数高低进行选择。此法既可以同时选择几个性状，又可以突出选择重点，而且还能把某些重要性状，即特别优良的个体选择出来，因此育种效果较好。

三、选种步骤

选种是竹鼠养殖场的一项经常性工作，每年至少进行 3 次选择，即初选、复选和精选。

1. 初选

当年幼竹鼠在断乳时，根据同窝仔竹鼠数量及生长发育情况等进行初选，要求选择同窝仔竹鼠数量在 4 头以上、发育正常、谱系清楚、采食早而旺盛的幼竹鼠。

在初选时，符合选种条件的幼竹鼠应比计划数多留30% ~50%。

2. 复选

根据竹鼠的生长速度、发育情况、抗病能力等情况，在初选的基础上进行复选。对育成竹鼠，要选择发育正常、体质健壮、毛皮完好无损、胖瘦适中、体型较大的个体留种。有下列情形之一者，应予以淘汰：生长缓慢；发育不良；有严重病史；体质较差的种竹鼠。

在复选中，种竹鼠的数量应高于计划留种数的 20% ~ 30%。

3. 精选

根据竹鼠的生产性能，如育成竹鼠的体型与体重等。已配种过的竹鼠的繁殖能力与幼仔的成活率等，对所有预选种竹鼠进行全面的鉴定，最后按计划精选确定种竹鼠群。

在精选的数量上，应优先选留成年竹鼠，不足部分用育成竹鼠补充，以育成竹鼠的比例不超过种竹鼠群的 30% 为宜。最后保持种竹鼠群公母的比例为 1：2。

四、种竹鼠的运输

1. 选择适宜的运输时间

引种竹鼠的时间最好选择在暖春、初夏、深秋和初冬等气候宜人的季节。运输时，应避开高温、严寒及其他恶劣的天气。

2. 办好运输竹鼠的相关手续

凭借竹鼠供应方养殖场的"陆生野生动物驯养繁殖许可证"和"陆生野生动物及其产品经营许可证"，在运输前，到当地林业部门办好准运证，到当地兽医部门办好检疫证。

3. 选择适宜的竹鼠种苗

长途运输应该选择体重在 0.4 ~ 0.6 千克的优良种竹鼠，切不可引种成年竹鼠，更不能引种已经怀孕的竹鼠，因为大竹鼠的应激能力差，运输途中死亡率很高，而怀孕的竹鼠更是经不起长途颠簸，很容易造成流产或脱水拒食而死亡。

4. 运输笼一定要牢固

一般采用比较坚固的铁笼装运竹鼠，切不可使用纸箱或木箱。在运输前，还应检查运输笼是否牢固，笼门是否扎好系牢。

5. 运输笼的大小要适宜

运输笼的大小要适宜。如果用小笼运输，则会因运输笼内的活动空间太小而对竹鼠身体造成伤害。其实，不一定非要一个笼只装运一只竹鼠，只要能够合群饲养的竹鼠，便可以合笼运输。一只运输笼内最多可以装运 10 只竹鼠，但是如果有足够空间的话，则每只笼内装运的竹鼠数量还是越少越好。

6. 合笼运输要防止竹鼠互相打斗

合笼运输要防止竹鼠相互打斗。在运输前，应合群饲养几天，确认它们已能合群后，方可装笼运输，凡是不能合群饲养的竹鼠都要分笼装运。

7. 防止竹鼠受伤

运输前，仔细检查运输笼，以确保运输笼内没有会伤及竹鼠的尖锐物。同时，从笼内取出竹鼠时要注意方法。如果竹鼠的脚趾抓住铁笼不放，切勿用力拉扯，应先向竹鼠身上吹气，使其自行跑出。

8. 保证运输笼内通风透气

竹鼠在运输途中要特别强调通风透气，如果是放在小车后仓室装运的，行车 1~2 小时后要打开后仓盖，换气检查；如果是放在客车座凳下，要注意防止运输笼的气孔被堵塞。但目前大多数竹鼠养殖户采用面包车运输竹鼠。用面包车运输竹鼠的途中，最好一直开窗，让空气流通，除非是冬天才会考虑保暖问题，其他时候竹鼠是不会被冻坏的。如果在冬天运输就最好开空调；夏天运输的话，空调还没有开窗的效果好，冷气不能到达每个竹鼠笼内。此外，竹鼠笼与竹鼠笼之间要留有一定的间隙，保证能让空气流通到每一个竹鼠笼，否则竹鼠容易窒息死亡，这曾经是很多没有经验的养殖户在初次引种运输途中造成竹鼠死亡的主要原因。

9. 运输笼内不必垫稻草

引种竹鼠时运输笼内没有必要垫稻草，因为运输车内的空气流通不是很好，放上稻草后，使里面的温度升高。此外，竹鼠把稻草弄碎后，会造成空气污浊，对竹鼠非常不利。

10. 长途运输应供给竹鼠适量食物

若引种途中运输时间超过一天的话，则应在运输笼内放置一些甘蔗头、凉薯、短竹枝或玉米穗轴（芯）等竹鼠喜爱的食物，以供竹鼠采食。同时，应尽量减少在途中的运输时间，做到途中少停顿，少逗留。

五、竹鼠引种回场后的注意事项

竹鼠引种回到养殖场后，应做好以下几项工作。

1. 及时转移到饲养池内

竹鼠引种回场后，应立即将竹鼠从运输笼内放入到饲养池内，让其安静半个小时，然后用冷开水加适量的精制碘盐让其自饮，也可以在冷开水中加 5% 的葡萄糖溶液喂食，也可以用 0.2% 的高锰酸钾溶液喂食，然后投放一些竹鼠喜爱的食物。在第一个星期投喂一定量的喹乙醇粉配合饲料喂食，可预防巴氏杆菌和肠道梭菌的发生，以后定期喂乙酰甲喹可以预防大肠杆菌病和沙门氏杆菌病，投喂磺胺二甲基嘧啶钠也可以预防巴氏杆菌病、波氏杆菌病以及寄生虫病。

2. 保持环境安静，尽量减少应激反应

保持环境安静，让竹鼠尽快安定下来，以减少竹鼠的应激反应。由于随着竹鼠引种消息的传开，周围有许多群众前来观看，这样会造成饲养场地嘈杂，不利于饲养工作的开展和安全，所以应尽量谢绝外人参观。

3. 饲料改变要逐渐过渡

新引种入场的竹鼠应首先尽量按原养殖场的日粮配方进行饲喂，然后再根据当地的饲料资源等情况，逐渐改变竹鼠的饲料日粮配方，以降低生产成本。需要改变饲料时应该一天增加一点，最短得几天才能改变成自己的饲料，并且在饲料中加入多种维生素以降低应激反应。在饲料中添加动物饲料和微量元素，增加氨基酸等营养物质，使新购入的种鼠尽快适应新的环境。

4. 暂时与原有竹鼠隔离饲养

如果在引种前，养殖场内已经养殖有竹鼠，则新引种的竹鼠种苗应暂时与原有竹鼠隔离饲养1~2个月。并进行严格的检疫工作，以防止新传染病的传播。

第三节　竹鼠的配种技术

一、发情鉴定技术

发情鉴定工作在竹鼠的配种工作中是非常重要的。正确地掌握竹鼠的发情规律，确定母竹鼠处于不同的发情阶段，不仅可以顺利地促成公、母竹鼠的交配繁殖，而且还可以节约大量的时间和人力、物力，更为重要的是可以提高母竹鼠的受胎率和产仔数，达到提高繁殖效率的目的。

1. 母竹鼠的发情鉴定技术

母竹鼠的发情期又可以分为发情前期、发情旺期和发情后期3个阶段。在实际操作中，竹鼠养殖者大多通过观察母竹鼠的行为表现和外生殖器官的变化特征来判断其发情期及其所处的发情阶段。还可以通过采取试情法，来观察竹鼠的求偶表现，以综合分析确定母竹鼠是否发情。

（1）发情前期　母竹鼠在发情前期，主要表现为性情烦躁不安，活动频繁。食欲下降，排尿次数明显增多，常发出"咕咕"的叫声；其外生殖的变化主要表现为阴毛逐渐分开，阴户肿胀，光滑圆润，呈粉红色，但不接受公竹鼠的交配，此期为0.5~1天。

（2）发情旺期　母竹鼠在发情旺期的外生殖的变化主要表

现为阴毛向两侧倒伏，阴门肿胀更大，有的阴唇外翻，阴户微张。并有黏液流出，此期的母竹鼠能够温顺地接受交配，此期为1~1.5天。

（3）发情后期　母竹鼠在发情后期的外生殖器官的变化主要表现为阴户逐渐萎缩，红肿消失，有的还出现小皱纹，微干燥，食欲逐渐恢复，此期为0.5~1天。

（4）试情法　这种方法是将性成熟公竹鼠放入可能发情的母竹鼠饲养池内，观察两只竹鼠的求偶表现，以综合分析确定母竹鼠是否发情。当公竹鼠进入母竹鼠的饲养池内时，如果母竹鼠能主动地接近公竹鼠，并发出温柔的"咕咕"求偶声，则表明母竹鼠已经处于发情期。如果母竹鼠对公竹鼠表现出敌对行为，抗拒公竹鼠进入其池内，发出吼吓的尖叫声，甚至与公竹鼠拼命撕咬，表明母竹鼠未发情或未处于发情旺期，此时必须立即将公竹鼠捉离分开，以免互相咬伤或残杀致死。

2. 公竹鼠的发情鉴定技术

公竹鼠的发情行为远没有母竹鼠明显，达到性成熟并具有交配能力的公竹鼠睾丸较大，并裸露于两后肢股下。阴囊舒松下垂，有弹性。其行为表现为活动量增大，时有爬跨饲养池墙壁动作的发生。没有达到性成熟的公竹鼠睾丸小，阴囊紧缩，也没有发情行为的表现。

二、交配行为

竹鼠是昼伏夜出动物，在繁殖行为上也有这种特性。交配时间一般选择在20：00~21：00，个别竹鼠在白天也有交配行为。竹鼠的交配行为包括追逐、接近、摩擦被毛、嗅闻、爬跨、插入、抽动、射精、梳理等行为。

公竹鼠往往很主动，不停地追逐并企图爬跨母竹鼠。当母竹鼠不发情或处在发情前期或后期时，母竹鼠常常以逃离来避开公竹鼠的追逐或发出威胁声（尖利的磨牙声）来迫使公竹鼠离去，甚至会与公竹鼠拼命撕咬。当母竹鼠达到发情旺期时，一般母竹鼠能够让公竹鼠接近，或公、母竹鼠互相接近。如果遇到不活跃的公竹鼠时，母竹鼠还会主动戏弄公竹鼠。公、母竹鼠接近后，便互相摩擦、梳理被毛、嗅闻，然后母竹鼠静立不动，公竹鼠用嘴咬住母竹鼠颈部皮毛，前肢抱住母竹鼠后躯，连续抖动并发出"咕咕"叫声，射精后，互相分开，各自整理被毛，见图4-7。交配持续时间一般为1分钟左右，如果交配成功，就进入妊娠期。公竹鼠休息约1小时后，又会与母竹鼠进行第2次交配，总共交配次数可达2~3次。部分母鼠配种后会在阴道口形成白色胶状交配栓。

图4-7　竹鼠交配

由于竹鼠具有刺激排卵的特点。所以，在母竹鼠的每个繁殖季节里应配种2~3次，以提高其受孕率。

三、配种技术

在人工养殖条件下，对竹鼠进行有计划的人工配种繁殖，是进行规模化生产的有效措施。一般说来，在购买竹鼠种苗时，通常母竹鼠数量不多，此时则可按一公一母进行配对繁殖。但是，自繁自养的竹鼠，由于有了足够的母竹鼠，这时便可以采取一公多母的配组繁殖方法，以提高公竹鼠的利用效率，节约饲养成本。

1. 配种方法

（1）一公一母配种法　一公一母配种法是将符合种竹鼠标准的公、母竹鼠按1∶1的比例放在同一个饲养池内进行配种繁殖的方法。由于公、母竹鼠一直饲养在同一个饲养池里，所以当母竹鼠发情时，其公、母竹鼠能够进行自然交配，见图4－8。

图4－8　一公一母配种

这种配种方法的优点是简便易行，便于管理，血缘清楚，便于育种，母竹鼠受孕率较高。

这种配种方法的缺点是公竹鼠的繁殖性能得不到充分利用，不能很好地节约成本。而且一旦公、母竹鼠配对不当，则容易引起母竹鼠空怀，失去繁殖机会，降低繁殖效率。

（2）一公多母配种法　一公多母配种法，通常包括一公二母配种法和一公三母配种法，见图4－9。这种配种方法又可以分为常住配种法和临时配种法两种方法。

①常住配种法：这种配种方法是1只公竹鼠与2～3只母竹

图4-9　一公多母配种

鼠组成一个"家族"。长期饲养在一个连通的水泥池的窝室内，实行自由交配。每月对母竹鼠进行触诊检查两次，如果确认某只母竹鼠受孕，则将其取出进行单池饲养直至产仔，待仔竹鼠断奶后，再将母竹鼠放回原来的"家族"圈内。组成"家族"时，以选择同胞胎母竹鼠或育成期同窝室饲养的异胎母竹鼠为宜。

采用这种配种法比采用一公一母配种法能节省1/3的窝室面积和饲料成本，而且对于配种、喂料、垫草和清扫等方面都较为省时、省力。同时，也能提高种公竹鼠的利用率，既适宜于生产种竹鼠，又适宜于生产商品竹鼠。

②临时配种法：这种配种方法是将公、母竹鼠在性成熟前合池饲养。性成熟后将公、母竹鼠平时分开单池饲养，只有当母竹鼠处于发情期时，才将母竹鼠放入公竹鼠饲养池内进行交配。交配完毕后，又将母竹鼠捉回原池饲养。

采用这种配种方法的优点是不仅可以最大限度地提高种公竹鼠的利用效率，节约饲养成本，而且其交配时间和血缘关系都很清楚，便于育种，也便于推算预产期。此外，还便于采用复配繁殖法等高效繁殖方法。

这种配种方法的缺点是养殖者要能够熟练掌握母竹鼠的发情

鉴定技术，否则难以成功。

（3）多公多母配种法　多公多母配种法是先将幼竹鼠进行组群饲养，再在性成熟前按公、母比例和窝室面积大小进行适当调整，选择符合繁殖条件的多只公竹鼠（5～10只）和多只母竹鼠（10～30只）饲养在一个大池窝室内，实行自由交配，即公、母竹鼠进行群配和轮配，见图4－10。

图4－10　多公多母配种

这种配种方法的优点是不仅能够提高种公竹鼠的利用率，大大节约窝室面积和饲料成本，而且在饲养管理方面也较为省时、省力。

这种配种方法的缺点是无法进行个体的配种记录，后代谱系不清。只能用于生产商品竹鼠，不能生产种竹鼠。而且，如果群中竹鼠不是从小长大的，则相互间难以和睦相处，经常会发生打斗，造成流产。

2. 放对合池技术

由于公、母竹鼠十分忠于"原配夫妻"，一旦配成对繁殖后，便很难拆散重新配对或配组，所以，不论配对还是配组，必须从小合群时就作出妥善安排。单独关养的两只公、母竹鼠，形成固定配对以后，如果其中一只死亡，另一只需重新配对，这时必须先将丧偶种竹鼠于黄昏时放到大池里与许多种竹鼠合群饲养，观察 15～30 分钟，发现打斗，则立即予以隔开，停一段时间再将丧偶的种竹鼠放进去。如此往往需反复 2～3 次才会停止打斗。待合群生活 5～7 天，形成群居习惯后，才可从中随意挑选出一公一母配成对，双双放到小池里单独圈养。也可以采用饲养人员用手交叉抚摸公、母竹鼠的身体方法，再放在同一窝室中精心饲养与观察，使其"培养感情"，在互相适应后，即可配种繁殖。否则，会相互撕咬，人为的"捆绑夫妻"则难顺利交配。

3. 复配繁殖技术

在正常情况下，大多数母竹鼠发情后交配一次即可受孕。但是，为了提高受胎率，增加产仔数，可以采用复配繁殖法。其具体措施是：将处于发情旺期的母竹鼠放入公竹鼠池内，当母竹鼠与公竹鼠配种完毕 1 小时后，将公、母竹鼠分开，隔 5～6 小时后，再将母竹鼠放入同一只公竹鼠池内再配一次。采取这种繁殖方法，一般可增加产仔数 50% 左右。

4. 双配繁殖技术

将处于发情旺期的母竹鼠放入第一只公竹鼠池内，当母竹鼠与这只公竹鼠配种完毕 10 分钟后，将母竹鼠捉离出来，放入第二只公竹鼠池内，让其与第二只公竹鼠再配一次。这种繁殖方法实际上是让母竹鼠补配一次，其结果是更有利于提高母竹鼠的受胎率，其缺点是系谱不清。

5. 血配繁殖技术

由于母竹鼠在产仔后的 1～3 天内有一个隐性发情期，此期的母竹鼠能够接受公竹鼠与之交配，因此，可以利用母竹鼠的这一特性，而采用"血配"繁殖法。

这种方法的具体措施是：母竹鼠产仔 12 小时后，已经给仔竹鼠哺乳完初乳时，如果有发情迹象，则可在产仔后 12～48 小时内，连续两次将母竹鼠捉出放入公竹鼠饲养池内，与不同的两只公竹鼠进行交配。第一次捉出时间可在产仔后 12～24 小时内，第二次捉出时间在产后 25～48 小时内，两次交配间隔时间应在 12 小时以上。每次合群的时间为 1 小时。配种完毕后再将母竹鼠放回原饲养池内哺乳仔竹鼠。

使用这种繁殖方法。虽然可以获得一年 4～5 胎，每胎 4～6 只的高效繁殖率，但因有损母竹鼠的使用年限，所以在实际生产中不提倡，仅在竹鼠种源非常缺乏的条件下才采用此法。

四、妊娠鉴定技术

根据经验，判断母竹鼠是否怀孕有以下 4 种方法。

1. 在公、母竹鼠合笼交配后的 5～7 天进行检查，如母竹鼠奶头周围的毛外翻，奶头显露，说明已经怀孕。

2. 按公、母竹鼠合群饲养的时间来推算，如果公、母合笼 1 个月后。母竹鼠采食量比平时增加，腹部两侧增大一手指宽，而且吃饱就睡，便可判断母竹鼠已经怀孕。

3. 当公母竹鼠配种 1 个月后，将母竹鼠倒提起来，如果其两后腿内侧腹股沟胀满．则为怀孕；如果将刚吃饱的母竹鼠倒提起来，只见腹胀，而后腿内侧的腹股沟不胀满，则尚未怀孕，见图 4-11。

4. 当母竹鼠在配种后的 28～35 天内，通过用手触摸子宫部位，来确定是否怀孕。一般怀孕 35 天后，胚胎已长到 2～3 厘米，此时有经验的饲养员用手沿母竹鼠胸部向后触摸至后腹部，可以摸到一较硬的圆形突出物即为幼仔胚胎，由此可以确认怀孕。触摸时动作要慢而轻，且用力均匀，以免损伤胚胎，甚至造成流产。

图 4-11 母鼠孕检

五、临产鉴定技术

母竹鼠怀孕后期腹部膨大、乳头直立呈红色，乳头基部隆起，乳头周围毛脱落，即进入临产期。

多数怀孕母竹鼠在产前 1 周就少吃多睡，产前 1~2 天会自动衔草垫窝。产前 1 天停食，鸣叫不安，公、母竹鼠合池饲养的，母竹鼠会将公竹鼠赶出窝室。母竹鼠产前阴户肿胀、潮红，奶头比平时增大 1 倍。当能挤出少量奶汁时，预示半天之内就要产仔。

第四节　竹鼠的育种技术

在竹鼠的人工养殖过程中。育种工作是非常重要的，这关系到整个竹鼠养殖业的未来发展。育种是人们以现有的种质资源为基础，充分考虑不同产地、不同特点的种源差异及其优势，通过纯种选育、杂交等方法，将各种优异的种质资源（优良的遗传基因）集中于某一个体，然后通过这类个体的繁殖扩散，改善整个物种的性状，从而培育出繁殖力强、个体大、抗病力强、并能适应人工养殖条件的优良品种。

一、竹鼠育种目标

竹鼠的性状很多，其中经济价值较大的主要有体型（体重和体长）、毛绒品质（针毛和绒毛的密度、长短、粗细以及毛色深浅等）、产肉能力（胴体重及净肉率等）、繁殖力（包括繁殖率、成活率、怀胎率、增值率、和净增率）和生长发育速度等性状。竹鼠的体重和体长直接关系到它所能提供的皮张面积和产肉力；毛色等毛绒品质，直接影响其利用价值和售价；繁殖能力高低和生长速度的快慢，又直接涉及生产周期的长短与饲养成本的高低。

一般来说优良种公竹鼠的标准是腰背平直，身体强壮，膘体肥瘦适中，睾丸显露，耐粗饲，活泼好动，不打斗，成年个体1.8千克以上。优良种母竹鼠的标准是皮毛光亮，用手抓其背柔和、弹性好，膘体肥瘦适中，奶头显露、匀称，腹毛稀少，性情温顺，不挑食，采食能力强，成年个体重1.4～1.7千克。

二、竹鼠育种措施

竹鼠育种，应采取纯种选育和杂交育种相结合的办法。同时还应将育种工作同改善饲养管理条件相结合，才能培育出优良家养竹鼠。

1. 纯种选育

这实际上是一种去杂留纯的过程，是在同一竹鼠群内进行提纯复壮。即将同样具有某种优良性状的竹鼠选留做种，并逐年选优去劣进行繁育，使竹鼠的许多性状如毛绒品质、体型大小、繁殖力高低等得到提高，逐渐改善种群质量，并最终稳定于一个较高的水平。

纯种选育的基本方法是：首先进行品系或品族繁殖，在繁殖过程中一旦发现某个体具有某些特别的优良性状，即以之为核心采用近交方法繁殖，获得具有其遗传性状的品系、品族，然后品系、品族内或相互之间交配繁殖，即形成一个新的种群。通过对此优良性状的逐年跟踪提纯，即可逐渐稳定，最终选出高品质的种鼠，其优良性状可以比较稳定地遗传下去。

2. 杂交育种

选取两个或两个以上的具有不同的优良性状，并有着不同的遗传类型的个体，进行交配，通过其杂交产生的后代的不断繁育，选出稳定具有以上两个优良性状的个体，进行近交繁殖，即得杂交新品种或新类型。

杂交育种的关健是正确选择亲本，要注意选择各具明显不同却又十分特别的优良经济性状的公、母鼠进行配对。首先让选取的亲本交配，生下杂交一代，再将杂交一代与亲本回交或与亲本族的繁育一代交配，当杂交到几代以后，再进行杂种间的横交进行固定，稳定那些有益性状。注意要不断对杂交及横交后代进行性状选择、汰劣存优。当杂交己获得稳定具有目标性状时，即可进行自群繁殖，培养出新的优良品种或类型。

三、竹鼠育种标记

为了便于管理、记录，建立健全育种档案，必须进行个体标记。

1. 种鼠的编号

为了准确地对种鼠进行鉴定比较，选择淘汰，对每一个个体必须有确切的包括种鼠的谱系和生产性能等记载资料。因此，种鼠的编号就成为育种上的一项重要工作。种鼠的编号分为两个部分，前面是年度，后面为鼠号。公鼠号尾为奇数，母鼠号尾为偶数。如果建立了家系或品系，还要有家系或品系的代号，列在年度与鼠号之中。编好的号打在铝制的号标上，套在种鼠的尾根上或腿上。

2. 育种记录

进行育种工作，必须有育种记录表格，以便及时记录有关情况和资料，利于查考，总结和分析，使育种工作顺利进行。

育种记录表格有多种多样，一般至少应有下列几种：

（1）编号表　内容应有品种、品系、家系代号和个体标号。

（2）仔鼠生长发育登记表　内容有体重和体尺，至少应包括初生、断乳、2 月龄，3 月龄和 6 月龄等 5 个时期的体重和体尺数据。

（3）父系家系和母系家系登记表　建立家系后应有家系登记表．可在父系项下分母系登记。

（4）种鼠卡片并附谱系表　应反映种公母鼠的生产性能、特征和后裔鉴定成绩等。

（5）鼠群生产登记表

3. 生产性能的测定与计算

至少包括体重与体长的测定和胎平均、群平均和成活率的计算等内容。

第五章　竹鼠饲养管理

第一节　竹鼠生长发育特点

1. 仔鼠（出生到断奶）

竹鼠是属于典型的晚成熟兽类。刚生下来的仔竹鼠全身无毛，两眼紧闭，中华竹鼠和银星竹鼠体重 7～20 克，体长 6～8 厘米；中华竹鼠和银星竹鼠体重 15～30 克，体长 7～9 厘米。产后 12 小时的仔竹鼠就开始吸乳，3～7 天后开始长毛，7 天后开始睁眼，身体颜色也逐渐由粉红色变成淡灰色，见图 5－1，7～15 天被毛基本长齐，此时的中华竹鼠毛色为深灰黑色，银星竹鼠的毛色则呈深灰色。仔竹鼠在前 2 周的吸乳量为每只每日 8～15 克，后 3 周为每只每日 15～30 克。仔竹鼠 10 天后开始睁眼，15 天后能够爬行，也能跟着母竹鼠采食，这时需要给仔竹鼠补喂鲜嫩易消化的饲料。35 日龄，就可以断奶，将母竹鼠隔开饲养。为了提高母竹鼠的繁殖效率，其哺乳期一般不宜超过 40 天，但是在寒冷的天气，则哺乳期应适当延长至 45～50 天。断奶时仔竹鼠的体重为 0.15～0.25 千克，最大的可达到 0.4 千克。如果胎产仔数量较少的，则断奶时仔竹鼠的体重相对较大；如果胎产仔数量较多的，如胎产仔 5 只以上的，则断奶时仔竹鼠的体重相对较小。很少有体重超过 0.25 千克的。

2. 幼鼠（断奶后到 3 个月）

幼竹鼠是指从断奶以后到 3 月龄的竹鼠个体，见图 5－2。由于断奶后的幼竹鼠对人工饲料有一个适应过程，加上采食的饲

图 5 – 1　仔竹鼠

料再好也比不上母鼠的奶水营养，所以断奶后 1 个月内的幼竹鼠生长速度大都明显减慢，增重速度缓慢。如果能够进行科学的饲养与管理，则断奶后饲养 1 个月，多数幼竹鼠体重可超过 0.5 千克。一般来说，3 月龄的幼竹鼠胃和肠的消化功能趋于完善，采食范围广，生长速度逐渐加快。

图 5 – 2　幼竹鼠

3. 青年鼠（3月龄到性成熟）

良种竹鼠饲养到3月龄，体重约0.8千克，从这时起到性成熟，称为青年鼠，见图5-3。青年鼠活动能力强，采食旺盛，生长速度最快，如饲养好，1个月体重可增加0.5千克。作为留种用的个体，此阶段要做好配对配组工作，剔出不宜作种的个体转入商品鼠池饲养。从青年鼠养到商品鼠上市规格，所需时间与喂料好坏有很大关系。单纯饲喂竹、木类，不喂精料的，可能需8～9个月或更长时间；实行精粗饲料合理搭配饲喂的，仔鼠5～6月龄体重达到1.25～1.6千克即可出售。最好在体重1千克时，人工催肥20～30天，体重达1.4～1.6千克出售，此时肉质最佳。

图5-3 青年竹鼠

4. 成年鼠（性成熟以后）

青年竹鼠养到出现发情、公母开始交配，标志着性成熟即为成年鼠，见图5-4。性成熟的早晚与竹鼠品种、季节和饲料有关。早熟品种4～4.5月龄就发情，晚熟品种8～9月龄才发情，一般在6～7月龄发情。发情也与季节密切相关，春秋两季是发情旺季，正常饲养的竹鼠也提早1～2个月性成熟，冬夏季由于过冷或过热，竹鼠会推迟1～2个月发情；如长期不喂精料，饲料中缺乏蛋白质、维生素和矿物元素，青年鼠会推迟发情，成年鼠则不发情。可见同样是一对良种竹鼠的后代，有的5~6月龄就发情，有的9~10月龄才发情甚至不发情，原因就在于此。性成熟后竹鼠继续增重，直到身体定型不再长，称为体成熟。一般畜禽在体成熟前是不宜配种繁殖的，但竹鼠却例外。竹鼠在性成熟后即可开始配种繁殖，产至第三胎，才达到体成熟。

图5-4　成年竹鼠

体成熟前每胎产仔数偏少，其原因有两种解释：一是子宫发育尚未完善，属于早配早产，所以产仔数不会太多；二是这段时间母鼠怀孕摄取的营养有一部分还要供自身生长发育，使供胎儿的营养受到限制，只好以减少产仔数来维持母体营养平衡。影响竹鼠生长速度的因素，一是遗传，二是饲料，三是疾病。父母个体大，生下的仔鼠个体也大，后天生活力强，生长速度也比较快。俗话说："初生重1钱，断奶增1两，出笼增半斤。"如饲料单一，缺乏蛋白质、维生素和矿物质元素，竹鼠生长会显著减慢。断奶后竹鼠如患胃肠炎、下痢、外伤、脓肿、骨折等，即使用药医好，也会变成"僵鼠"，生长速度会比健康幼鼠降低一半。

第二节　竹鼠饲养管理要点

搞好竹鼠的饲养管理工作，不仅可以增强竹鼠的抗病能力，减少疾病的发生率，而且还可以降低生产成本，提高竹鼠的繁殖率和幼仔的成活率，从而提高养殖场的经济效益。竹鼠的日常管理工作要点主要有如下几个方面。

1. 搞好清洁卫生

饲养舍和饲养池在每天上午 9：00 以前要清扫一次，清除残食和粪便，并在每天傍晚投料前清洗好饲料盘后沥干，以待第 2 天使用。打扫卫生时要注意查看竹鼠的健康状况（具体观察方法见下述），同时，切勿惊扰哺乳期母竹鼠。

2. 经常检查竹鼠的健康状况

除在打扫卫生和投喂食物日要注意检查竹鼠的健康状况外，每天还应至少作一次全场的彻底巡查。在检查时，主要通过"七看一听"检查竹鼠的健康状况。

（1）看食量　健康的成年竹鼠眼睛有神。食欲正常，日总采食量为自身体重的 30% ~ 40%。如果低于这个数值，则是不正常的表现。若发现成年竹鼠无精打采，食欲减退，整天蜷睡在池角里不出来活动，可能是患病的表现，应及时查找原因。

（2）看粪便　正常成年竹鼠的粪便呈粒状，表面光滑、褐色（粪便颜色与所吃食物有关）。如果粪便排量少，形状小，重量轻，不易弄碎，说明患了便秘。如果粪便不成粒状，含水量多，易碎，肛门周围还粘有稀粪，这是患了肠炎。

（3）看尿样　每天打扫卫生时，见到池内尿印明显，微湿，这是正常成年鼠的尿。如果尿浸湿了窝草，扫粪不动，则表明饲料水分含量过高。池内不见尿印，说明饲料水分含量过低。

（4）看毛色　正常的成年竹鼠无论是青色、灰色还是黄褐色，毛色均光亮。如毛色枯燥、直立、不在换毛季节脱毛、背部毛分开时现皮，表明不正常。其原因可能是：饲料营养成分不全；阳光直射；室内温度超过32℃或低于5℃；打架斗殴受伤；染上某种疾病等。

（5）看体型　正常的成年竹鼠体型粗壮，头颈、躯体一般大小，眼小有神，用手抓其皮，紧且有弹性。提起尾巴，后腋饱满，腋下皮不起皱呈红嫩色。若前大后小，皮肤松弛，没有收缩力，两眼凹陷，无精打采，消瘦，是有病的表现，应仔细观察。

（6）看牙齿　野生竹鼠由于挖土打洞，牙齿磨得锋利洁白，老龄竹鼠才变黑。家养竹鼠没有打洞的条件，牙齿缺少泥沙的摩擦，各种食物沾染上了牙齿，所以成年竹鼠的牙齿变成黑红色。如果竹鼠牙齿越来越长，使嘴唇闭不拢，则会影响其采食而造成死亡。若发现这种情况应用剪刀剪除，或者在池内放入竹竿、木棒让其自由啃磨。

（7）看活动　正常的成年竹鼠行动活泼、雄健，平时喜欢抬头伸脖，"洗脸"，后脚直立攀壁爬杆，寻食争食，咬屎远扔，用草做窝，蜷缩成半圆形，低温争窝，常温嗜睡。如发现反常现象，必须查明原因，对症处理。

（8）听叫声　在饲养管理过程中，当听到竹鼠"唬唬"的吼声，定是打架斗殴；当听到"嗯嗯"的低长声，则是受伤严重或其他原因引起的缘故；当听到"叽叽"的叫声时，这是喜添幼仔的表现，应及时做好护理工作；当听到"咭咭"的声音，这是公、母竹鼠在调情；当听到似婴儿般的哭声，则是母竹鼠发情求偶的表现；当听到的叫声音调低而婉转，证明竹鼠正在交配。

通过以上"七看一听"的检查后，如果发现问题，应及时作出相应的处理。

3. 科学饲喂

（1）饲料多样化　给竹鼠投喂的饲料要根据当地的实际情

况尽量做到多样化，力求竹鼠能获得全面营养需要。竹鼠虽然能吃各种干饲料，但新鲜的竹枝叶、芒草类或牧草类青粗饲料不能缺乏，如长期缺新鲜青粗饲料，则会导致消化不良和厌吃等。

对于成年竹鼠的基础日粮，无需经常变更，若要更换饲料种类，则应该采取逐渐过渡的方法，在逐渐增加新饲料数量的同时相应地减少原有饲料的比例，使成年竹鼠对改变饲料有一个适应过程。

由于成年竹鼠牙齿长得很快，需要定期投入切短的鲜竹竿，任其啃咬磨牙。

（2）干湿饲料搭配适当 干湿饲料要进行合理的搭配，以保证竹鼠能够从饲料中吸取足够的水分，满足其对水分的营养需要。冬春季以甘蔗为主食时，竹鼠尿多，窝室潮湿，竹鼠易生病。因此，饲喂甘蔗等含水量高的饲料，要搭配干玉米芯、老竹木枝叶、干玉米粒、配方饲料干品等含水量少的食物。干湿饲料搭配比例以各占50%为宜，其原则是要求竹鼠尿液量适中，饲养池内不出现潮湿现象为好。

（3）定时定点饲喂 每天定时饲喂，一般上午9：00开始第一次投料，主要投喂配方饲料，还可投喂少量的块根类饲料或多汁饲料。下午18：00开始第二次投料，以投喂青粗饲料为主，适当投喂块根类饲料、多汁饲料或药物类饲料。粉状配方饲料用饮用水拌湿，其含水量的多少要根据投喂多汁饲料的多少而定，但其含水量一般不得超过20%。配方饲料要用饲料盘分装，一般每只竹鼠使用一个饲料盘，并间隔一定的距离，以防出现争食。颗粒状的配方饲料可不拌湿直接投喂，也用饲料盘分装投喂。切碎的块根类饲料和多汁饲料最好也用饲料盘分装投喂。青粗饲料切短后，直接分开撒在池内投喂。

（4）适时调整投喂量 饲料投喂量多少的原则是根据各个不同生理阶段竹鼠的生长发育情况和季节因素。随时进行调整，相应增加或减少其投喂量，尤其要严格控制对配方饲料的投喂量，仔竹鼠、幼竹鼠和商品竹鼠则以每次投料前不剩食物为准，而成年种竹鼠的配方饲料则应以在投食后 0.5 ~ 1 小时内吃完为准。

4. 做好防暑降温工作

在盛夏和初秋的酷暑季节里对竹鼠池舍的防暑降温工作是非常重要的管理工作，搞好防暑降温工作不仅能防止竹鼠中暑，而且还能降低因酷暑而造成对非成年竹鼠生长发育的影响，同时，还能保证种竹鼠的正常繁殖。通常采取以下综合措施来进行防暑降温。

（1）房舍遮阳　应采取多种措施对竹鼠养殖房舍进行遮阴。如在屋顶搭建棚架种植丝瓜、南瓜或葡萄等，以减少阳光对养殖房舍的直射。

（2）通风透气　在遮阳的同时，应考虑通风透气。竹鼠怕风，室内电风扇应向墙壁吹风，促使室内空气流动降温；风扇不能直接吹向竹鼠。

（3）补充水分　适当增加多汁饲料，保证竹鼠获得足够的水分。

（4）降低饲养密度　小池饲养成年竹鼠不超过 2 只，中池和大池饲养的竹鼠，每平方米不得超过 5 只，并在大池内放置若干空心水泥砖或瓦罐，供竹鼠进洞躲藏，防止竹鼠晚上睡觉时挤压成堆，造成闷热死亡。

（5）用新鲜草叶垫窝　利用新鲜的竹叶、青草、树叶等垫窝，以保持清凉。

（6）补饲消暑的药物饲料　补喂清凉消暑的药物饲料，如西瓜皮、凉薯、绿豆、茅草根、金银花等。

（7）采用空调设备降温　竹鼠繁殖舍内最好安装空调设备，当舍内温度达到 28℃以上时，则应开启空调设备，并将其指示温度读数定位在28℃。

5. 做好防寒保暖工作

在严冬和早春的寒冷季节里对竹鼠饲养舍和饲养池采取必要的防寒措施也是很重要的。防寒保暖的主要措施有：经常关闭门窗，防止寒风侵袭，在饲养池内放置干净卫生的干稻草，池上加盖，普通的饲养舍内温度应保持在5℃以上，繁殖舍内的温度应保持在12℃以上，达不到这个要求时，应采取人工升温的方法，如炉火升温法或空调升温法等。

6. 保证通风透气

要经常保持饲养舍内通风透气。酷暑季节的空控房舍应在每天晚上开窗透气2小时以上；在寒冷季节里当外界环境达到5℃以上时，应对普通的饲养舍进行开窗透气；当外界环境达到12℃以上时，应对繁殖舍进行开窗透气；在其他气温适宜的季节里，各竹鼠饲养舍都应经常开启门窗，以保持饲养舍内空气的新鲜度。

7. 保持环境安静

保持竹鼠饲养舍内的安静，尤其是在繁殖高峰期，应谢绝外来人员参观，工作人员进出饲养舍及打扫卫生、投喂饲料等操作时，动作要轻巧，一定要保证不惊扰产仔和哺乳的母竹鼠，同时不要轻易捕捉妊娠竹鼠，防止流产事故的发生。此外，还要保证饲养员的相对稳定性，切勿经常变换饲养员。严禁其他动物进入饲养舍内，夜间值班防盗的狗也不能进入饲养舍，只能在舍外活动。

8. 保持环境干燥

经常保持饲养舍和饲养池内干燥，尤其是在梅雨季节，更要做好除湿防潮工作。主要采取的除湿防潮措施有：经常保持舍内通风透气，保证竹鼠饲料水分含量适中，以保持饲养池的干燥。在梅雨季节或回潮季节，要在关闭门窗的同时，在舍内放置生石灰，或采用除湿机除湿。以保持舍内的空气相对湿度长时间处于70%以下。

9. 掌握正确的捉拿方法

千万不要用手去抚摸那些驯化程度不高的竹鼠的头吻部。在捉拿竹鼠时，也不能抓头、身和脚。正确的捉拿方法是：在捉拿时应悄悄接近竹鼠，避免惊扰。用手指抓住竹鼠的颈背皮肤或抓尾巴将其提起来，并做到轻拿轻放。如果要给竹鼠吃药或打针，最好采用特制的竹鼠保定铁夹（可用厨房火钳改制）夹住颈部。

10. 掌握正确的合群方法

竹鼠主要依靠气味进行"化学通讯"。陌生青年或成年竹鼠突然合群时，先是互相闻味。如果气味不投，则会相互残杀，打斗不休，但陌生幼年竹鼠合养时，则很少打斗，只有在抢食、闻到特殊气味或受到强烈刺激产生惊恐时，才会互相撕咬。

如果是处于发情期的公、母竹鼠就很少撕咬；如果是未发情的两只公、母竹鼠，则打斗不休。不同族的两只公竹鼠放在一起也会斗个你死我活。原来配对的公、母竹鼠，因产仔而分开，断奶后重新合群，有时也会撕咬。

所以，在配对合池时，要密切观察竹鼠是否能相安无事，一旦发生打斗现象，则要立即将其分开，重新配对。同时，在人工养殖条件下。应在竹鼠断乳后就开始合群饲养，让其从小长大，气味相投，情投意合，然后才开始配对或配组，这样才能使配种工作得以顺利进行。

11. 切实做好安全防患措施

目前，有不少的竹鼠养殖场被盗，丢失很多竹鼠。给养殖户带来很大的损失。为了搞好防盗工作，必须防患于未然。可以通过采取加固养殖场的围墙、实行 24 小时值班制、在养殖场内驯养 1～2 只狗（禁止狗进入竹鼠饲养舍内）巡夜等综合措施来加强养殖的安全，有条件的竹鼠养殖场还可安装电子摄像和报警装置。

12. 严格实行卫生防疫制度

(1) 搞好饲料卫生　竹鼠饲料不得来源于污染区和传染病疫区；对每批饲料都要进行全面检查。剔除有毒的、腐败的部分，并在加工和饲喂前清洗干净；剔除霉烂饲料。清除芒棘和杂质、异物，并挑出霉变籽粒，防止竹鼠中毒和机体损伤。

(2) 搞好舍池卫生　饲养舍和饲养池的地面、墙壁每月消毒一次。梅雨季节可适当增加消毒次数。所使用的消毒药液可以用规定浓度的过氧乙酸、生石灰水、新洁尔灭等。

(3) 搞好用具卫生　各个饲养舍的用具不得混用，养殖场常用的饲养用具如粉碎机具、切割器具、笼箱、饲料盘、盛料桶等要按时进行清洗消毒，存放在清洁干燥的环境。一般每周用0.1%高锰酸钾溶液消毒一次。粪车用完后应清扫干净方可进入舍内。

(4) 搞好饲料调制室的卫生　饲料调制室的用具用后应洗刷干净，用0.1%高锰酸钾溶液刷洗或者福尔马林熏蒸，也可用紫外线灯照射30分钟。

(5) 搞好休息室的卫生　休息室每天清扫，每周用规定浓度的过氧乙酸溶液消毒一次。

(6) 搞好饲养员自身的卫生　饲养员上班时应穿着配备的工作服，下班更衣后工作服用紫外线灯消毒，每次照射时间10~20分钟。饲养员身体应健康，每年体检一次。有疫情的竹鼠养殖场，每年体检两次，发现患病者应立即调离。

(7) 搞好废弃物的处理工作　每天清扫饲养池所收集的竹鼠粪便要进行集中发酵处理；投喂竹鼠的食物残渣以及其他生活垃圾等废弃物要集中处理或深埋。

(8) 搞好防疫工作　竹鼠饲养舍的门前要设立消毒槽，消毒槽内随时蓄有具有一定消毒能力的、适宜深度的消毒液。要防止一切畜禽进入竹鼠饲养舍；养殖场内除饲养少量防盗用的狗外，不得饲养其他畜类和禽类。饲养场内栽种的树木应防止其他动物栖息、筑巢或群集。非本场生产人员不得进入生产区；饲养人员不得随意串场；严格限制参观。如有参观的人员也必须在消毒室内更换防疫服、胶鞋，认真消毒后经引导到场舍外参观。新引进的竹鼠应隔离30天以上，并重新检疫后。方可合群饲养。发生疫病时，应立即对患病竹鼠、可疑感染竹鼠、假定健康竹鼠进行隔离、紧急接种和场地消毒，并划区封锁，对健康竹鼠群应进行预防接种和场地消毒。

（9）严格执行免疫计划　定期检疫，按照科学的免疫程序，采用有效而省力的免疫方法。对竹鼠危害较大的传染病，要根据疫情适时进行免疫接种。这项工作对于控制竹鼠传染病的流行起着至关重要的作用。

（10）妥善处理无治疗价值的竹鼠和病亡竹鼠　患某些疾病的竹鼠，如确实没有治疗价值的，要迅速淘汰。如果对这类竹鼠需要加以利用，则应在兽医的监督下进行加工处理。死亡的病竹鼠和屠宰后废弃的被毛、血、内脏等要进行深埋处理。

13. 定期驱虫

根据养殖场的具体情况，对3月龄的幼竹鼠或4月龄的青年竹鼠进行一次集中驱虫。在每年的春、秋季分别对成年公种竹鼠和空怀母竹鼠进行集中驱虫，防止寄生虫相互感染。但是，处于怀孕期和泌乳期的母竹鼠以及3月龄以下的幼竹鼠均不能进行驱虫。

驱虫原则：在给竹鼠驱虫时，应遵循"高效低毒、广谱价廉"的驱虫原则，即少量使用一种抗寄生虫的药物就可以驱除多种寄生虫。另外，在对大批竹鼠进行驱虫治疗或预防时，应先以少数竹鼠进行试验，密切观察其反应和疗效，确保此药安全有效后再全面使用。此外，无论是大批给药还是预试驱虫，都应事先了解驱虫药的特性，慎防出现中毒现象，同时要备好相应的解毒药品，严防出现不测。

驱虫的注意事项：①使用驱虫药要对虫下药，即驱什么虫用什么药，不能盲目用药驱虫，这样不但收不到效果，而且还会带来不良的副作用；②决定用药驱虫时，应进行驱虫试验，即先选择中等体重的竹鼠做实验服药，当证实安全有效时，方能进行大批竹鼠的驱虫；③用药量要准确，用量少了，驱不出虫，而用药量多了，会发生中毒；④要反复驱虫，目前使用的驱虫药，杀灭成虫的效果极好，但杀灭幼虫的能力较差，因此应在第一次驱虫7～10天后再驱虫1次，以杀灭幼虫变成的成虫，做到彻底驱虫，确保竹鼠的健康。

14. 做好生产记录

饲养竹鼠的生产记录是进行生产成本核算、选种选配、改进饲料配方、完善科学饲养管理的重要依据。

（1）记录内容　包括：每天投料时间、品种、数量；配种时间、胎次、产仔数；产仔成活数、仔竹鼠断奶时间、个体重量、公母比例等情况；进行催肥的商品竹鼠体重测量数据；发病竹鼠症状、诊治情况、用药情况等；竹鼠购进、自繁、死亡、出卖数量及销售收入情况。

（2）专用笔记本记录方式　使用专用的记录本分项进行记录，一般分为饲料记录本、繁殖记录本、销售记录本和病史记录本等几大类。记录时，要按时间（以天计）进行记录。记录的日期必须写在页首。

（3）卡片记录方式　不仅要有专用的记录本记录，还要在各个饲养池上悬挂记录卡片。卡片记录方式为：单池饲养种竹鼠，则一池一母一卡片，作好繁殖父母本及后代的详细记录；作为繁殖商品竹鼠专用的。应在大池或连通饲养的小池，一池一组（一群）一卡片，只记录整群母竹鼠窝数、产仔数及成活数，以了解整体生产水平，不需要对母竹鼠的繁殖情况作详细记录。

15. 合理安排工作时间

饲养员要合理地安排全天的工作时间，做到有条不紊。

第三节　仔竹鼠的饲养管理

由于仔竹鼠从出生到断奶都是与母竹鼠生活在一起的，并由母竹鼠哺育，所以，要养好仔竹鼠，就要在搞好母竹鼠的护理与饲养工作的基础上，再做好仔竹鼠的仔细检查、代养保活、人工哺乳、及时补饲与驯食、适时断奶等方面的工作。

一、仔细检查

母竹鼠产仔后，其母性很强。在 1～25 天内切不可掀盖窝室的盖板或开关池门来检查仔竹鼠的情况。为了不惊动哺乳期母竹鼠，应尽量保持其窝室的安静与隐蔽状态。通常采用以下两种方法来检查仔竹鼠的情况。

图5-5　仔鼠检查

方法一是在不惊扰母竹鼠的前提下，通过在饲养池外听取仔竹鼠的声音来判断是否正常。当偶尔听到仔竹鼠发出"吱吱"的温柔叫声时，说明仔竹鼠生长正常；若整天整夜长时期发出叫声，则说明母竹鼠缺乳，应采取代养或人工哺乳等相应的补救措施。如果听不到一点"吱吱"声，则很有可能是仔竹鼠已经死亡了。一般情况下，母竹鼠会自动把死去的仔竹鼠推到巢外。

方法二是在母竹鼠出窝活动和采食时进行迅速的检查。检查时勿将异味带到仔竹鼠身上，否则易出现母竹鼠弃仔、咬仔和吃仔竹鼠的现象。

二、代养保活

有下列情形之一者，其仔鼠可以采用代养法：一是母竹鼠产仔后意外死亡；二是母竹鼠一胎产仔过多，奶头不够；三是母竹鼠患病或缺奶；四是母性不强的母竹鼠不哺乳自己的仔竹鼠；五是有咬仔、吃仔不良行为母竹鼠所产的仔竹鼠。

将需要代养的仔竹鼠寄养到驯化程度较高、护仔性好、产龄相差在3日以内、本胎产仔数较少的母竹鼠窝中实行代养。进行代养时，为了不让代养母竹鼠发现，一般在夜里将代养仔竹鼠放入母竹鼠的窝室内，同时要在代养仔竹鼠的身上涂抹上母竹鼠的粪便或尿液，并在母竹鼠离窝时放入。此外，在拿仔竹鼠时，工作人员要戴医用乳胶手套，防止仔竹鼠体上沾有人汗气味。如果代养一定时间后，未见母竹鼠将仔竹鼠送出，则代养成功；如果在短时间内仔竹鼠即被送出窝室，或母竹鼠在窝内叫唤不已，则表明代养不成功，应迅速将仔竹鼠取出，以防其被咬伤，并在间隔一段时间后，再试一次。如果多次代养不成功，就只好采用人工哺乳的方法。

三、人工哺乳

所有需要代养的仔竹鼠在无法采用代养的情况下，均可以采取人工哺乳的方法。

人工哺乳的具体方法是：按照表 5 - 1 中仔竹鼠日粮配方将强化麦乳精、奶粉和钙片（钙片要研磨成粉状）对开水 250 毫升，混合均匀后，降温至 25 ~ 30℃时，再加入酵母粉和复合维生素 B 液，再次混合均匀后，才装进奶瓶，将小胶管一端插入奶瓶中，另一端放到仔竹鼠嘴里，仔竹鼠就会吸吮。每天哺喂 4 ~ 6 次，每次每只哺喂乳汁 0.5 ~ 1 毫升，每天饲喂时间见表 5 - 2。20 日龄后，仔竹鼠可补饲配合饲料和鲜嫩的粗饲料，35 日龄左右就可断奶。少量人工哺乳时，可用去掉针头的注射器吸取奶汁，缓慢注入仔竹鼠口中。

表 5 - 1　人工哺乳的仔竹鼠日粮配方

饲料种类	强化麦乳精/克	奶粉/克	酵母粉/克	钙片/克	复合维生素 B 液/毫升
10 日龄以内	15 ~ 25	20 ~ 50	0.6	0.5	0.5
11 ~ 20 日龄	25 ~ 35	50 ~ 65	0.6	0.5 ~ 1.0	0.5
21 ~ 35 日龄	30	70	0.6	1.0 ~ 1.5	0.5

表 5 - 2　人工哺乳仔竹鼠的时间

哺乳次序	第 1 次	第 2 次	第 3 次	第 4 次	第 5 次	第 6 次
10 日龄以内	6：00	9：00	12：00	15：00	18：00	21：00
11 ~ 20 日龄	7：00	10：30	14：00	17：30	21：00	—
21 ~ 35 日龄	8：00	12：00	16：00	20：00	—	—

四、及时补饲与驯食

仔鼠的特点是各器官发育不全，机能调节差，适应环境能力弱，但生长发育迅速。随着仔竹鼠的逐渐长大，母竹鼠的乳汁难以满足其生理需要，此时可以适当添补一些易消化、新鲜多汁的青绿饲料，训练仔竹鼠采食植物性饲料，以利于断奶后的健康成长，这个过程称为补饲。竹鼠一旦形成固定的食物结构，就很难改变，所以人工养殖的竹鼠必须从小实行驯食，以达到竹鼠能采食多样化的饲料的目的。通过采取循序渐进的方法，让仔竹鼠逐渐适应饲料的多样化，以养成不挑食的良好习惯，这个过程称为驯食。一般来说，仔竹鼠 15 日龄就开始补饲，15～35 日龄是仔竹鼠驯食的最佳时机。

仔竹鼠自 15 日龄起，向饲养池内投放适量、易消化、新鲜多汁的青绿饲料，让仔竹鼠跟着母竹鼠一起出窝采食，并随着仔竹鼠日龄的增加而逐渐增加投喂饲料的种类，使仔竹鼠从小就养成不挑食的良好习惯。补饲与驯食的具体操作方法是：15～17 日龄的仔竹鼠，每日每只添加新鲜多汁的果蔬类饲料 5～15 克；18～20 日龄在果蔬类饲料的基础上，再逐渐增加嫩草类青绿粗饲料 5～15 克；21～25 日龄在前两类饲料的墓础上．再逐渐增加配方饲料 5～10 克；26～35 日龄，果蔬类饲料和青绿粗饲料的数量和种类都要逐渐增加，其中，果蔬类饲料（2～3 种）10～15 克，青绿粗饲料（2～5 种）10～25 克，配方饲料 10 克。

图 5-6　仔鼠补饲

五、适时断奶

如果对仔竹鼠断奶过早，则会因其个体小而体质差，从而影响其生长发育速度，甚至降低其成活率；如果对仔竹鼠断奶过迟，则会影响母竹鼠的繁殖效率。所以适时断奶既可以提高竹鼠的繁殖效率，又能够提高幼竹鼠的成活率。实践证明，仔竹鼠在 35～40 日龄断奶较为合适。一般来说，当仔竹鼠的体重达到 50 克以上时，则可以对其进行断奶。断奶的方法主要有一次断奶法和分期分批断奶法两种。

1. 一次性断奶法

这种方法是在断奶时，将母竹鼠移开另池饲养，让仔竹鼠留在原窝生活 10～15 天。如果断奶后有个别的仔竹鼠个体较小，体质较差，则每天应该给仔竹鼠补喂生奶 1～2 次，每次 0.5～1 毫升。

这种方法的优点是操作简便易行，因仔竹鼠仍留在原池环境而较容易适应断奶的变化；其缺点是发育较差的仔竹鼠还需要采取特殊护理措施。

2. 分期分批断奶法

这种方法是将仔竹鼠按 2～3 批分窝进行断乳，每隔 3 天分出一批。先将体质健壮的仔竹鼠分离出来。然后隔 3～5 天再将体质较弱的仔竹鼠分离出来。分窝后的仔竹鼠可以群养。

这种方法的优点是：不仅可以避免母竹鼠因突然失去全部幼仔而带来的孤独感，而且还可以给发育较差的仔竹鼠一个单独抚养的机会，使其经过增强体质、单独生活的适应过程，同时还能为大量分窝腾出时间，便于安排新舍，重新组群。其缺点是：操作复杂，如果处理不当，则容易造成母竹鼠的情绪激烈变化，对留在其原池内的仔竹鼠不利。

六、仔鼠公母的鉴别

初生仔鼠公母的鉴别很简单，捉住仔鼠的尾巴倒提起来，用食指和中指轻轻往下扒开生殖器，靠近肛门处有一个圆洞的是母鼠，没有圆洞的是公鼠。也就是说从竹鼠尾部往腹部观察，有2个洞的是母鼠，其中一个洞是肛门（排粪口），另一个是生殖道（阴道口），而且两者距离很近；只有一个洞的是公鼠（排粪口），仔公鼠的阴囊还未发育成熟所以不十分明显，但用手摸还是可以摸到两个睾丸。

第四节　幼鼠的饲养管理

由于断奶后的幼竹鼠完全依靠从饲料中吸取营养来维持自身的生长发育，对人工饲料还有一个逐渐适应的过程，而且也是进行组群和分组配对的大好时机，所以，对于幼竹鼠来说，在切实搞好日常管理工作的同时，还应做好以下几项管理工作。

一、合理组群与配对

如果是采取一次断奶的方法，则其幼竹鼠在原池饲养 10～15 天后，再与其他出生时间相近的幼竹鼠合群饲养在一个中池或大池内，以避免幼竹鼠的孤独感，可以培养感情，以利今后繁殖工作的顺利进行，见图 5－7。如果是采取分期分批断奶方法的，则其幼竹鼠可以直接进行合群饲养。根据饲养池的大小，合群饲养的幼竹鼠数量一般为 8～12 只。合群饲养的时间一般为 1个月。值得注意的是，在合群时。为了避免近亲繁殖，同胎的公幼竹鼠和母幼竹鼠必须分池饲养。举个例子来说，就是母竹鼠 A所产的公幼竹鼠要与亲缘关系较远（至少是二代以外）的母竹鼠 B 和母竹鼠 C 等所产的母幼竹鼠进行合群饲养，而母竹鼠 A

所产的母幼竹鼠要与亲缘关系较远的母竹鼠 B 和母竹鼠 C 等所产的公幼竹鼠合群饲养。

图 5 - 7　幼鼠合群

合群饲养 1 个月后，按照选种的原则，在同一个饲养池内进行选种配对（公母比为 1：1）或配组（公母比为 1：2 或 1：3）。配对好或配组好的幼竹鼠则单独饲养在小池或繁殖池内。

二、精心饲喂

幼鼠在采食的初级阶段，容易患消化道与肠道疾病，因为断奶时幼鼠消化系统不完善，消化酶系统发育不全，酶胰蛋白酶活性状况使幼鼠对植物性蛋白饲料还不能充分消化，幼鼠胃中酸性低，也就降低了胃液的杀菌作用，所以限制了消化道的蠕动和消化功能，对粗纤维的食物消化率低，因此，投喂幼竹鼠的饲料要新鲜、易消化、富含营养成分。同时，为了培养不挑食的良好习惯，增强竹鼠对多样化饲料结构的适应性，要继续按照仔竹鼠的驯食方法，对投喂幼竹鼠的青粗饲料和多汁饲料的品种逐渐变换，当地能采集到的青粗饲料和多汁饲料，要尽量地由少至多进行试喂。投喂的饲料必须要保证质量，变质饲料会引起同群竹鼠发病。不要投喂刚洗过或淋雨后未干的果菜类新鲜饲料。也不要投喂坚硬的、纤维素较含量较高的竹类及植物茎类饲料，否则会因采食过多难消化的粗饲料引起消化不良，腹压增高，腹壁紧张。粪不成形或排稀粪等。

幼竹鼠的日投喂总量为 85～200 克，其中，青粗饲料为 50～150 克，多汁饲料为 20～30 克，配方饲料为 15～20 克。每天投喂 2 次，即上、下午各投喂一次，其中，上午宜少喂，下午宜多喂，因其夜间活动频繁，营养消耗较大，故应于下午适当多喂饲料。每天投喂的时间应相对固定，一般上午 9：00～9：30 进行第一次投喂，主要投喂配方饲料，辅喂少量的多汁饲料。下午 17：30～18：00 进行第二次投喂，主要投喂青粗饲料和多汁饲料等。饲料投喂量多少的原则是根据幼竹鼠的生长发育情况和季节因素，随时进行调整，相应增加其投喂量，以每次投料前不剩食物为准。

三、防寒保温

幼鼠因为刚离开母鼠，被毛少，皮下的脂肪少，大脑皮质发育不全，体内脂肪和糖类的氧化反应调节能力差，产生热量少，不能维持恒定的温度，需要辅助升温。特别是冬季，对刚断奶的幼鼠一定要进行控温，除了多加垫草外，最好将窝室内的温度提高到 15℃以上，夏天则要求在 28℃以下，并且要求窝室清洁干燥、不潮湿、不霉变。

春天天气虽然暖和，但如果温度达不到要求，也要保温，温度过低会影响幼鼠的生长和成活率。很多初养竹鼠的养殖户，在仔鼠断奶后会出现死亡，其中的原因之一，就是由于温度低，一定要做好防寒保暖工作。

第五节　青年竹鼠的饲养管理

根据青年竹鼠的生长发育特点，在搞好日常管理工作的基础上，还应抓好以下管理工作。

一、适时调整投喂量

青年竹鼠的日投喂总量为 200～330 克，其中，青粗饲料为 150～250 克，配方饲料为 20～30 克，夏季还要增喂多汁饲料 20～30 克。由于青年竹鼠是采食旺盛、生长速度最快的发育阶段，所以要根据其生长发育情况和季节因素，随时进行调整，相应增加其投喂量，应以每次投料前不剩食物为准。中池和大池饲养时，投料要相对分散．避免因抢吃而打斗，见图 5－8。

图 5－8　青年鼠饲养

二、搞好第二次选种工作

如果是作为留种用的竹鼠个体，则在青年竹鼠阶段要做好第二次选种工作（即复选），剔出生长缓慢或者发育不良等不宜作为种用的竹鼠个体转入商品竹鼠群进行催肥饲养。此阶段留种竹鼠的数量以高于计划留种数的 20% ~ 30% 为宜。

第六节　成年竹鼠的饲养管理

　　成年竹鼠是竹鼠养殖过程中比较好护理的一个阶段，主要是骨骼和肌肉生长，对蛋白质、无机盐和维生素以及纤维素要求很高，不挑食，食性粗，生长速度快，抗病能力强。饲料主要以青粗饲料为主，依竹鼠的生活习性，早上投喂精料，晚上投喂青粗料，晚上投料要稍微多些，因为竹鼠晚上活动量比白天要多。

　　成年鼠长到 1 ~ 1.25 千克的时候基本达性成熟，出现发情状况，公母鼠开始交配，这时应当把成年鼠进行适当调配，把发情的公母鼠进行小池喂养，见图 5 - 9。竹鼠性成熟后就可以配种繁殖，竹鼠的性成熟跟竹鼠的营养有着十分重要的关系。满足竹鼠正常生长的饲料蛋白质含量应为 15% ~ 18%，占饲料总量15% ~ 20% 的精料提供鼠体所需的 80% 的营养，同时需要80% ~ 85% 的青粗饲料供给竹鼠 15% ~ 20% 的营养就可以满足竹鼠的正常生长。如果不喂精饲料，竹鼠日粮中缺少适宜的维生素、蛋白质和矿物元素，会生长迟缓，性成熟推迟。与此同时，竹鼠发情与季节也很有关系，春秋两季是竹鼠发情旺季，夏冬季是竹鼠发情低谷期，因为太热或太冷竹鼠都会推迟发情。竹鼠性成熟后仍然继续生长，直到身体定型才不再增重，这个时候称为体成熟。竹鼠的生育与体重相关，竹鼠性成熟即可配种繁殖产仔，但产仔高峰要到体成熟才会出现，并且体成熟后胖瘦又有影响，偏瘦的产仔率低，胖也不行，越胖产仔越少，所以成年鼠一定要控制食量，不能喂得太胖，也不能喂得太瘦。

　　成年竹鼠性成熟时一定要隔开饲养，定期投喂驱虫药，清除竹鼠体内、肠道内寄生虫，定期给栏舍消毒，防止产仔期母鼠患各种疾病，为母鼠产仔做好充分的准备。

图 5 - 9　成年鼠饲养

防暑降温很重要，成年竹鼠抗病能力特强，一般不易患病，冬天稍加垫草，不被冷风直吹进窝室内都能安全过冬。但是炎热的夏天却很难过，竹鼠一般情况下，能适应的最高温在36℃，如果超过36℃，在没有良好通风的情况下，竹鼠很容易中暑死亡。所以在炎热的夏天要尽可能喂一些清凉解暑的食物，同时一定要有通风设施，鼠栏周围地面适当洒水以降温和保持一定的湿度。

一、种公鼠的饲养管理技术

一个优良的种公鼠，必须要求身体呈圆筒状，头钝圆、脖颈粗，掌部宽大、爪尖有力，发育良好，倒提睾丸显露，富有弹性。公鼠身体健康，稍肥，性欲旺盛，凶悍好斗，与发情母鼠交配爬跨能力强。公鼠的好坏，决定竹鼠种群的质量以及受孕的成功率，种公鼠活泼好动，精液浓度就高，母鼠怀孕的比例就大，产仔数量就多。

要求在饲喂公鼠的时候供给全价营养饲料，蛋白质含量在16%较好，长期喂低蛋白饲料可引起公鼠精液和精子数量下降，但是如果喂过多的蛋白质物质，同样会使精子数量减少。如果饲料中缺少磷和钙，公鼠的精子发育不全、活力低，爬跨能力低，母鼠受孕率不高，所以，青粗饲料要求多样化，交叉喂食竹子、皇竹草、甘蔗、玉米秆、甘薯等，并且保证公鼠体内水分含量达到 20 毫升。种鼠每天基础代谢需要水 20 毫升左右，其中，9 毫升通过尿排出体外，5 毫升通过皮肤、毛孔排出体外，肺和粪便排出的水分分别为 5 毫升、1 毫升，所以竹鼠的粪便十分干燥。竹鼠通过摄入食物可以获得 9～10 毫升的水分，因此，每天需要喂给不少于 10 毫升的水，以满足竹鼠的正常生长，同时在食物中添加多种维生素。

公鼠与母鼠交配，原则上一天 5～6 次比较合适，过多交配会造成公鼠精液质量下降，射出的精液中未成熟的精子数增加，这样母鼠的受孕率也不高；反过来，公鼠长时期不与母鼠交配，睾丸生成精子的能力减弱，精子活力也差，甚至还会产生畸形精子，死精子数量增多，性功能降低，从而影响公鼠的配种能力，降低母鼠受孕率。

公鼠与母鼠配种的比例为 2∶（2～4）是较理想的交配方式，如果一公二母或三母以上，公鼠精子浓度达不到，经常会出现配不上，即使配上了，产仔也稀少，有的出现体质弱或者发育不好，或者早产，或者仔鼠出生十多天就死亡等现象。一个好的竹鼠养殖场对公鼠的管理是非常严格的，公鼠的年龄也很重要。在青年期的时候，身体尚未发育成熟，精子品质不高，繁殖能力很低，公鼠在 9 个月以上才体成熟，此时体格健壮，性欲旺盛，生殖系统及内分泌都已成熟。

要经常检查种公鼠的生殖器官，发现爬跨能力不强，则有可能感染炎症；发现阴囊红肿，有可能睾丸发炎，或其他疾病，应当及时治疗。为了使种公鼠达到充沛的性欲，平时最好在日粮中添加一定量的睾丸酮等雄激素，有条件的地方可向当地林业部门申请从野外捕捉一些公鼠进行驯化，从而优化种群，减少竹鼠性情退化，保障种群健康发展。也可以和其他种鼠场交换公鼠，达到这一目的。种公鼠一年四季均可配种，但又因季节的不同，效果都不一样，春季配种时，母鼠受孕率很高；夏季天气炎热，公鼠性欲减退，精子存活率低，母鼠受孕率不高；秋季公鼠从炎热回到凉爽季节，生殖机能逐渐高涨，受孕率比夏天高，而冬天寒冷，温度不高，公鼠的配种会受到一定的影响。总之，要精心饲喂，严格检查，保证种公鼠以最优良的体格和状态参加配种，由此获得更多优良的后代。

公鼠精液除水分外大部分由蛋白质组成，所以，种公鼠在饲养上必须注意营养搭配，营养的好坏直接影响种公鼠的精液数量和质量。第一，在种公鼠性机能活动中，各种腺体及激素的分泌物、生殖器官都需要蛋白质进行及时的补充和滋养，这些蛋白质必须从饲料中获得，所以，在平常的喂食中除了青粗饲料不能缺少外，还需要喂一定量蛋白质含量高的食物，如玉米、大米饭拌麸皮、花生麸、甘薯、凉薯等帮助种公鼠提高精液浓度。第二，纤维素对精液品质也有重要的影响，纤维素摄入不足会出现生殖器官发育不全、睾丸组织退化、性成熟推迟等，还会影响肠道中菌群的平衡，出现各种各样的疾病。饲喂时日粮中必须保持竹鼠每日食量80%的青粗饲料才能使种公鼠正常生长，精饲料中粗纤维的含量在2%～5%，而竹子、芦苇、芒草、皇竹草中的粗纤维可达40%以上，是比较理想的食物。第三，维生素对种公鼠的精液品质也有显著的影响，日粮中缺少维生素，种公鼠的精子数目降低，精子成活率低，异常的精子多，所以在日粮中必须添加多种维生素。维生素是维持种公鼠生命活动和保证精液品质的物质基础，千万不能疏忽。第四，矿物元素对种公鼠精液的形成也有影响，如缺磷、缺钙、缺碘、缺盐，种公鼠会脱毛、掉毛，骨质疏松，生理机能受到影响，生长推迟，性成熟慢，并且精液中的精子量很少，不能作种与母鼠交配，所以，种公鼠的日常喂养必须提供各种各样丰富的蛋白质、木质素、维生素以及矿物质，才能保证营养合理、充足。

二、种母鼠的饲养管理技术

选出不胖、不瘦、体重 1～1.2 千克，胸腹间乳房均匀，乳头稍大，肚底毛少的母鼠作为种母鼠进行观察喂养。种母鼠的好坏关系到后代的数量和质量，太肥的母鼠受孕的概率小，产仔数量少并且护仔能力差。太瘦的母鼠体质弱，营养跟不上，仔鼠瘦弱，个体不大，免疫力不强，成活率也不高，母鼠应保持中等肥度即是最佳的选择，受孕期体重 1.4～1.75 千克是标准体形。

养好种母鼠是扩大种群、增加生产的基础前提。一般来说，母鼠怀孕期间温驯，不咬栏舍，活动少，吃饱就睡，不撕咬公鼠，产仔后母性强，产仔成活率高，基本上不会损失。有的母鼠一旦怀孕后，性情大变，满栏躁动，攻击公鼠，这种母鼠产仔后喂食要注意，一定要小心翼翼，不能使其受到惊吓，也不能随便让人观看，不然十有八九会吃仔、咬仔；还有一种母鼠母性不强，对生出来的仔鼠全然不顾，不会叼到肚皮底下，任其四处散爬，自己独自倒头大睡，这种母鼠一般应淘汰掉。

一个育龄的母鼠从生理上分为休情期、妊娠期（怀孕期）和哺乳期 3 个阶段，饲养母鼠应依照不同阶段的特点采取科学、合理的管理制度。

1. 休情期管理

母鼠的休情期阶段指仔鼠断奶至二次配种怀孕，这段时期的种母鼠由于在哺乳期大量消耗体内营养，身体比较虚弱，需要多种营养来补偿和增强体质，保证下次能正常发情配种及受孕，所以管理上主要做好种母鼠的体能恢复工作，不需要特别护理，和其他成年鼠一样正常饲养，日粮中主要以青粗饲料为主，稍微配合一定量的精饲料就可以了。

种母鼠在体能恢复期间不能喂得过于肥胖，也不能喂得太瘦，休情期的母鼠应保持八成膘就行了。太肥胖，子宫壁增粗、卵巢结缔组织中沉积大量脂肪而阻碍卵细胞发育，造成不孕。细心观察可以发现体大而肥的母鼠受孕率很低，一年难得产仔一胎；但是如果母鼠太瘦，同样会导致脑垂体机能丧失，出现雌激素分泌减弱，卵细胞不能正常发育而影响受孕繁殖。所以竹鼠养殖场在产仔安排上不能为了追求繁殖胎数而忽视母鼠的健康，使母鼠身体更差，严重影响种母鼠的利用年限。俗话说：欲速则不达。母鼠一般年产仔3胎，成活率达到85%就算很好了。有人认为生产后两三天采取血配可以增加产仔胎数，这种行为是不可取的，也是不科学的，它严重地摧残母体，有些母鼠会迅速消瘦、衰老、死亡。

2. 妊娠期管理

母鼠与种公鼠交配后怀孕至分娩的阶段称为妊娠期，也叫怀孕期。母鼠怀孕期食量增大，对各种营养物质要求量增多，一方面是不断提高自身营养，满足乳腺发育和子宫增长的需要，另一方面还要满足胎儿的生长发育的需要。随着时间推移，胎儿生长加快，更要求营养不断增加，同时必须补充更多水质的青粗饲料，这样怀孕的母鼠才健康，泌乳力强，仔鼠发育良好，生命力强，成活率高。

母鼠怀孕后期，一定要加强管理，防止流产。这期间要求栏舍一定要安静，避免外部因素造成的惊吓，尽量不捉拿母鼠，必须捉拿检查时，应一手轻轻抓住颈部，一手托住臀部，并保持母鼠身体不受冲击。应将怀孕母鼠单独放在有子母套间的小栏池中待产，产仔栏中产室不能太宽，因为母鼠此时活动量少，它只把睡觉周围的粪便叼出窝外，而产室太宽会有粪便滞留，不利于清扫。另外母鼠会把吃剩的食物存放在睡觉的周围，时间一长食物发生霉变后会影响母鼠的健康。

母鼠怀孕后应尽量减少陌生人接近，因为竹鼠嗅觉十分灵敏，当有陌生人靠近时会心情紧张，如果已产下仔鼠会努力将仔鼠往腋下藏，或用垫草遮盖，或刁着仔鼠往角落躲藏，很容易误伤或压死仔鼠，所以，产仔栏最好不准陌生人及其他动物靠近。

由于自身代谢不同，母鼠的体质以及对营养的需求不一致。母鼠怀孕时间的长短差距很大，有的母鼠怀孕48天即生产，有的超过60天，一般情况下52天左右。到怀孕后期母鼠的乳头比平常稍大，腹部膨胀，行动迟缓，临产前几天母鼠会叼草做窝，并在窝室内囤积食物。临盆有腹痛感、不安、不吃食，此时严禁捉拿、换栏，以免母鼠受惊，产后将仔吃掉。母鼠产仔一般需1~4个小时，遇到难产时会持续8个小时，母鼠顺产一般在2个小时内。母鼠产仔时边产仔边将仔鼠脐带咬断，并将胞衣吃掉，同时舐干仔鼠身上的污血和黏液并将仔鼠叼到母体肚下。6个小时后会给仔鼠喂奶，哺乳母鼠在分娩后1~2天食欲很差，属正常现象。由于生产出血过多，身体虚弱，特别是初产母鼠一般都不吃食，这时应投喂一些水质多的食物，如甘蔗、甘薯、马蹄和葡萄糖溶液，补充因生产引起的干渴，增强机体能量，并多投些香甜的精饲料。如果母鼠产后12个小时还不会给仔鼠喂奶，应该把仔鼠拿给其他母鼠继养（代养）。12个小时后不会喂奶的母鼠说明产后阴道受损疼痛或有产后感染或胎衣不尽等情况，需要进行药物治疗，不然会落下产后后遗症，严重者伤其子宫，肝、脾受损，引发腹膜炎、腹水、慢慢消瘦、拒食、不食，最后死亡。

母鼠产仔3天以后应逐渐增加饲料量，有些养殖户往往投入大量高蛋白的营养物质，母鼠乳汁分泌过旺，仔鼠吃不完，造成乳汁过剩，这样做有可能会引发乳房炎。另外高蛋白的食物，会使乳汁过浓，含水分少，仔鼠吃过后易干渴，容易诱发炎症而排便少、硬，肠道发生病变或者消化不良等，所以母鼠产仔后，要增加母鼠的饮水量，同时要检查母鼠乳房周围及乳头，发现有硬块、奶头红肿，说明母鼠患乳房炎。

母鼠发生乳房炎的原因很多，有因饲料发生变质、变性而引起，也有因奶水过多引起，还有是来自乳房外部细菌的侵袭，如乳头被仔鼠吸奶时咬伤，或者栏舍不干净、卫生条件差引起细菌感染。

3. 哺乳期管理

母鼠产下仔鼠后就进入哺乳期，仔鼠能否吃到初乳跟以后生长发育、免疫能力、抗病能力等有很大关系，所以要让仔鼠生下来后尽快吃到初乳，见图 5 - 10。据资料记载，母竹鼠每天的泌乳量在 100 毫克以上，足以满足仔竹鼠一天的需乳量。母竹鼠乳汁的营养价值很高，所含营养成分与羊奶相似。为了保证母鼠有充足的乳汁使仔鼠得到正常生长发育的营养，必须给母鼠喂富含蛋白质、维生素及矿物质的全价饲料，增加精料和青粗多汁的饲料，必要时投喂黄豆、花生及豆饼之类油脂高的豆类食物进行补乳、催乳。

图 5 - 10　哺乳竹鼠

改善饲养管理，搞好栏舍卫生是母鼠哺乳期管理的一个重要环节。定期对栏舍进行全面消毒，堵住各种细菌滋生的源头，尽可能减轻传染病的发生。调节好栏舍内的温度，夏天、秋天要降温增湿，春冬季要升温抽湿，保持哺乳期间有一定的温度，防止仔鼠受热闷死和受冷冻死。禁止在栏舍内大声喧哗，保持产仔栏舍周围的安静。

母鼠在哺乳期一定要补充足够的水分，缺水母鼠的乳汁浓度高、水分少，不利于仔鼠生长，母鼠产仔后3天内最好喂些水。母鼠产仔后的3天为危险阶段，母鼠由于产仔生殖器官受损，细菌容易侵入血液而引起母鼠感染病菌，所以，在日粮中应添加抗生素，或者隔几天喂点磺胺咪片（1/3片）并放少许苏打拌料喂食，可以防止巴氏杆菌、肠道梭菌、肠炎等，这样可以提高仔鼠成活率。

母鼠产仔20天至断奶这段时期，由于仔鼠一天天都在增长，吸食乳汁量越来越大，如果营养不良、内分泌调节机能紊乱以及喂食蛋白质含量太高，缺少粗纤维及维生素E和硒都会造成母鼠缺乳，使仔鼠面临饥饿、营养衰竭而死亡的威胁。有许多养殖户在母鼠产仔后20多天出现这种症状，归根结底是缺乏矿物饲料、纤维素和维生素E、维生素D等。

尽管竹鼠是一种适应性广、抗病力强的哺乳动物，在一般情况下很少发生疾病，但是，在人工养殖条件下，尤其是随着养殖专业化和集约化的迅速发展，在有限的场地上集中饲养着高密度的竹鼠种群，大量的粪便及其污染物使竹鼠的生存条件恶化，给疾病的蔓延、传播、扩散带来了机会。如果管理不善或者卫生防疫措施不力，则更加容易引起疾病的发生，从而引起竹鼠的死亡和用药量的增加，给竹鼠养殖者造成重大的经济损失。

第七节　商品竹鼠的催肥技术

体重达到1千克的竹鼠若不作种用的，可进行20~30天的催肥，体重达到1.4~1.6千克时作为商品肉鼠出售，见图5–

11。具体做法是：

图 5-11　商品肉鼠

1. 催肥季节选在秋冬季。

2. 催肥前全部盘点称重，记下每栏只数和总重量。

3. 精料所占比例由平时的 10% 增加到 20%，青粗料由 90% 降到 80%，选取营养好易消化的饲料。

4. 根据育肥要求，可购制饲料厂生产的竹鼠育肥专用营养棒，形同粉笔大小，每天每只喂 1 条。

5. 窝室加盖，保持安静、避光。

6. 育肥期间，每周测体重 1 次：每栏随意取 3 只称重，求出平均重，乘以全栏总只数，减去育肥前全栏总重量，即是育肥增重。育肥增重计算公式：

育肥增重 =（抽测个体重量之和/3）× 全栏只数 - 育肥前全栏总重

7. 竹鼠睾丸有特殊药用功能，价值较高，有睾丸的个体能卖好价钱，故雄性竹鼠育肥不宜阉割。

第六章 野生竹鼠的捕捉及驯养

我国家养竹鼠的种源，都是由野生竹鼠驯养而来的。新建竹鼠养殖场（户）应尽可能地从已经驯养成功并且具有一定规模的竹鼠养殖场引种。鉴于目前竹鼠种源较为缺乏，而且长途运输竹鼠种苗也不容易。所以，对于我国南方一些贫困山区时的农户来说，要发展竹鼠养殖，捕捉野生竹鼠仍是解决竹鼠种源的有效方法之一。但是，从野外捕捉而来的竹鼠，一定要经过较长时间的人工驯化，使其适应人工饲养条件下的生活，才能够进行配种繁殖。同时，捕捉留种的竹鼠不宜太多，应逐步发展。每年从其繁殖后代中择优留种，扩大人工驯养繁殖的种竹鼠数量。要有计划地从野外捕捉，切不可进行无计划滥捕，以确保有一定数量的野生种源。

此外，在人工养殖竹鼠的过程中，有些养殖场由于育种工作没有做好，常有近亲繁殖的现象发生，以致出现抗病力减弱、生产性能下降等种源退化的现象。所以，为了更新和优化竹鼠种源，有条件的竹鼠养殖场应该有计划地从竹鼠生活的五陵山坡地捕捉一些野生竹鼠，作为竹鼠种源的补充。下面介绍捕捉野生竹鼠的几种方法以及对野生竹鼠的驯化技术。

第一节 野生竹鼠的寻找与捕捉

捕捉野生竹鼠的方法有很多，概括起来主要有敲穴惊鼠法、掘洞捕捉法、洞口熏烟法、笼套捕捉法、踩板箱捕捉法和灌水捕捉法等。

1. 敲穴惊鼠法

竹鼠喜栖息在成片的细竹林或芒草地，所以，要捕捉野生竹鼠就要去细竹林或芒草地寻找其踪迹。如果发现有细竹或芒草无故枯死的现象，则是有竹鼠的迹象，因为竹鼠洞穴较浅，会使洞穴上的竹子和芒草造成吸水困难而死亡。所以，只要寻找到枯死的竹子或芒草，就有可能寻找到竹鼠挖的洞穴和足迹。找到竹鼠的洞穴后，若看到洞口有新土，且堆得很高和潮湿，上面无树叶或很少，洞口用土封闭，则洞内极可能有竹鼠；若洞口敞开，而且洞口土堆较低或干燥，上面有较多枯枝落叶，则洞内没有竹鼠。

在确定洞内有竹鼠后，先将洞口周围方圆3米以内的树枝杂草清理干净，然后几人同时从四面用木棒或锄头由外向内用力敲击地面，洞内的竹鼠受到震惊后就很快会扒开堵塞洞口的泥土，向洞外逃逸，见图6-1。由于竹鼠长期过洞穴生活，洞内阴凉黑暗，一出洞后对光线刺激一下子难以适应，所以行动很迟钝，此时即可用事先准备好的铁丝罩将它罩住，然后将铁丝罩慢慢移动，让竹鼠尾露出，用手抓住其尾巴后松开铁罩，并迅速提起竹鼠，将其放入铁笼内。

如若发现是雌鼠，还应查看一下其乳头是否光滑湿润，乳头周围毛是否稀少，乳头是否外露。若有上述特征，则很可能是一只正处于哺育期的母鼠，洞内应该还有幼竹鼠，需要将洞穴挖开取出幼竹鼠。

2. 掘洞捕捉法

掘洞捕捉法是一种较常采用的捕捉竹鼠的方法。挖洞应在夏末初秋季节进行，因为此时是竹鼠活动频繁的季节。但在挖洞前一定要先做好调查，如果断定洞内有竹鼠，才可动手挖洞。竹鼠的洞系较为复杂，一般由土丘、洞口、取食道、避难道、窝室及厕所组成。一开始挖洞时，竹鼠一听到响声，就立即逃至避难

图6-1　野生竹鼠洞穴

道。此时就不必去挖其他通道，而只需寻找其避难道，继续挖避难道便可捕捉到竹鼠。避难道一般只有一条，但有个别竹鼠的洞穴避难道也有两条，即在避难道上另有一条分岔的避难道，宽度与取食道相似。这时循道洞挖下去，很快就能捕捉到竹鼠。

3. 洞口熏烟法

砍一段大的竹筒，一头留节，一头开口，从开口处放入稻壳，在有节一端做一小孔，再插入一根中间空的细竹竿，然后点燃稻壳，放入洞内，有细竹竿的一端留在洞外。然后用泥封好洞口的空隙，并用嘴对小竹竿用力吹气，使烟雾进入洞穴，竹鼠会因难以忍受烟雾而从洞内爬出。使用此方法，应注意在点火之前要将其他洞口堵死，只留一个出口，同时还要注意不能燃烧成明火。竹鼠被熏出以后，竹筒内未燃烧完的稻壳应用泥土埋灭，以免引起火灾。

4. 笼套捕捉法

制作类似捕捉黄鼠狼或老鼠的套笼，内放食物诱饵（如鲜竹根或芒草根等），放在竹鼠的洞口，待其夜间活动觅食时，只要进入套笼取食就会触及"机关"，使套笼的盖子关闭，将竹鼠关在笼内，第二天清晨便可收笼，活捕竹鼠。

5. 踩板箱捕捉法

在秋、冬季节，竹鼠洞穴较深，如果采用人工挖掘洞穴的方法则费时费力，此时可采取用踩板箱捕捉竹鼠。一般在确定洞穴内有鼠后，将洞口的泥土铲开。然后把木箱对准洞口安牢，同时检查周围是否还有出口，如有就用石头堵死，迫使其往装有踩板箱的洞口钻。进入木箱待捕。捕鼠木箱的规格为长 100 厘米 ×20 厘米 ×16 厘米，两头是活闸门，在闸门背面中间钻一小浅眼，并在木箱的上盖外面顺着木箱的长度，在正中刻一线槽，在线槽中间钻一小孔。用 1 米长的细绳两端各拴一个小圆钉。在细绳中间拴一根 7 ~ 10 厘米长的细绳，伸入箱底拴住踩板，当竹鼠进入箱内碰到踩板时，便会带动两头活闸门上的小圆钉脱离闸门，使闸门自行下垂，将竹鼠关在箱内。此方法方便，而且对竹鼠也无损伤。

6. 灌水捕捉法

用水往竹鼠洞穴里灌，当水灌满整个洞穴后，竹鼠被逼出洞来。采用此法必须注意：一是水源方便；二是灌水务必要满，不能停停灌灌，否则不一定能灌出竹鼠。竹鼠的洞穴一般选择在山坡上，有一定坡度，所以在灌水前一定要将下面的洞口堵死，不能渗水，如果在坡上或者侧面有多个出口的话，则应全堵上。只留坡上较高位处的一个洞作灌水口。灌淌水后，大约经过 10 ~ 30 分钟。竹鼠忍受不了，便会爬出洞口，这时即可捕获。

第二节　野生竹鼠的驯养

一、人工驯化野生竹鼠的目的和意义

通过科学地创造适合野生竹鼠生长发育与繁殖的生活环境。并保证给予其合理的日粮和满足竹鼠其他必要的生活条件；通过人工定向驯化与选择。促使竹鼠能够按照人类要求的方向产生变异，从而促进竹鼠生产性能的提高，最终达到提高人工养殖竹鼠的经济效益的目的。

二、野生竹鼠种源的选留原则

在野外捕捉的竹鼠，要经过适当的人工选择。其选择原则是挑选具有繁殖能力的健康竹鼠留作种源，为下一步的人工驯化、饲养与繁殖打下良好的基础。

三、野生竹鼠种源的选留方法

1. 野生竹鼠种源的年龄要求

老龄竹鼠不能留作种用，应作为商品竹鼠出售或进行屠宰取皮和肉用加工。幼龄竹鼠暂不能作种用，应进行一段时间的人工驯化饲养，待性成熟后再作种用。

2. 野生竹鼠种源的体况要求

体况差或严重受伤的野生竹鼠也不能作种用，应人工补料驯养或经治疗后再酌情处理，或作为商品竹鼠处理，或作后备种竹鼠。

四、野生竹鼠的驯化原则

人工驯化野生竹鼠的原则可以概括为八个字：模拟生态，优于生态。

1. 模拟生态

模拟生态就是要仿照竹鼠在山坡竹林打洞穴居的生活环境，尽量在竹鼠养殖房舍和窝室的建造及饲养管理方面创造接近它原来野生的生活环境，如串笼群居，模拟洞穴，饲喂芒草、竹枝、草根，白天睡觉晚上活动，原有的一窝为一群等。如能模拟自然生态，达到它原来的生活条件要求，就会大大提高人工饲养的成功率。但要获得高效高产，还需要采取更佳的措施。

2. 优于生态

优于生态是指野生竹鼠因受到野生环境的限制，采食的天然食物不如人工养殖条件下饲料的营养丰富，难以发挥其潜在的生长、发育和繁殖优势，所以生长发育缓慢，繁殖力低下。如果在模拟竹鼠野生生活环境的基础上，运用科学方法进一步优化其生活环境和生活条件，例如采用先进的温控设备、科学的日粮配方等，能够使竹鼠生长快、发育良好、产仔多、仔竹鼠成活率高，从而大幅度地提高人工养殖竹鼠的经济效益。

五、野生竹鼠的驯化技术

从野外捕捉的竹鼠，在由自然状态转为人工饲养状态后，其环境条件发生了很大变化，往往产生应激反应（例如惊恐、躲藏和拒食等）。因此，对野生竹鼠应采取以下人工驯化方法，使其逐步适应人工养殖的环境条件。

1. 模拟生态法

捕后的野生竹鼠应激是由于居室生活环境发生改变，而产生强烈的应激反应。应激反应的主要表现是拒食，甚至发生腹腔水肿，最后死亡。如果采用模拟野生竹鼠的生活环境，建造能够串窝群居的窝室，并在窝室上方加盖遮光板或树枝茅草等，以造成与洞穴相似的阴暗环境，让竹鼠隐居其中，使其仿佛回归了自然。同时，避免噪声，保持环境安静。在此基础上，再投放竹鼠最喜吃的竹枝、芒草或草根等茎根类食物，那么，竹鼠的拒食时间最短，发病率低，捕后成活率高。相反，如果采用开放式饲养模式，因竹鼠处于惊恐之中，从而拒食，甚至发生腹腔水肿，出现以应激反应为主的症状。所以，采取模拟竹鼠野生生态环境，就能降低野生竹鼠的应激反应强度，提高野生竹鼠捕后的成活率。

2. 饲料过渡法

人工驯食方法是否得当是养殖野生竹鼠成败的关键因素之一。人工驯食方法主要是采取饲料逐渐过渡法。人工驯食过程所需时间一般为 20～30 天。在驯食过程中，饲养人员一定要有耐心。

大多数野生竹鼠喜欢吃竹的根茎、玉米或甘薯。应根据野生竹鼠捕获地的生活环境，来确定诱食植物的种类。如果是在竹林山坡捕获的野生竹鼠，则以嫩竹枝和竹笋进行诱食；如果是在芒草地捕获的野生竹鼠，则应以芒草的根茎进行诱食；如果无法确定野生竹鼠捕获地的生活环境，则可用多种野生植物进行试喂。待竹鼠开始取食后，再适当投放玉米秆、甘蔗茎、甘薯、玉米粒等，以后再逐渐增加其他食物的种类，向多样化饲料过渡。然后，再由少至多逐渐加入人工配合的精饲料。最终达到精、粗饲料合理搭配，完全满足竹鼠生长、发育和繁殖所需要的营养要求，从而达到竹鼠生长发育快、产仔数量多、成活率高的生产目的。

3. 小群暂养法

为降低野生竹鼠的应激反应，防止相互打斗，捕捉（或购进）的野生竹鼠应以原洞穴的一窝为一小群暂养，使竹鼠尽快地安定下来，初步适应人工饲养的生活环境。开始入池的 2～3 天，竹鼠可能会躲在暗室内不吃不动，这是正常现象。但此后，竹鼠会慢慢出来活动和采食。小群暂养的时间一般为 7～10 天。

4. 合群驯化法

合群驯化的目的是让"陌生竹鼠"能够尽快相互熟悉各自的气味，和睦相处，改变竹鼠的领域行为，为下一步的繁殖配对或配组打下基础。

野生竹鼠生性孤僻，除交配外，很少与"陌生竹鼠"交往，而且，野生竹鼠还有终生配对的习性，所以，为了防止因临时配对而争斗或拒绝交配，达到"陌生竹鼠"的顺利配种繁殖，在通过小群暂养并达到初步适应人工饲养的生活环境后，就要进行优化组群，合池驯养。

合群驯化法的具体做法是在一个面积为2平方米左右饲养池内同时放入来自不同家系的、身体健康的、大小相一致的公竹鼠5只和母竹鼠10只（即按1公2母的比例组群），进行合群驯养。其中，饲养池内置有7~8个空心砖供竹鼠临时躲藏。在竹鼠放入同一个饲养池合群的第一天，要密切观察竹鼠合群后的反应。如果发现竹鼠打架，则要立即捉出，再用其他竹鼠进行配组。直到不打架为止。另外，在合群时，可以在池内投放一些嫩竹枝，让竹鼠啃咬，分散其注意力。经过这样的驯化，只要几天时间，同一饲养池内的竹鼠就能相互熟悉各自气味并和睦相处了。

野生竹鼠经过1~2月的人工驯化后，性格会慢慢温驯起来，饲养人员易于接近，便于人工操作。这时，可以根据繁殖的需要，重新进行优化组群。以提高竹鼠的繁殖率。

第七章　竹鼠产品加工技术

竹鼠全身都是宝，皮毛细软，光泽油润，底绒厚，皮板厚薄适中，易于鞣制，毛基为灰色，易于染色，是制裘衣的上等原料。体大肉多，肉质细腻、味道鲜美，营养丰富，氨基酸的含量比鸡鸭鹅、猪牛羊、鱼虾蟹有过之而无不及，是一种营养价值高、低脂肪、低胆固醇的野味。用普通烹调方法即可做出各种味道鲜美、香气扑鼻的佳肴。《本草纲目》："竹鼠肉甘、平、无毒，补中益气，解毒"。目前，竹鼠肉已成为美食，从家庭餐桌登上了高档的宴席，为饮食文化增添了光彩。竹鼠须是制作毛笔的高档原料。

第一节　竹鼠的屠宰方法

为确保竹鼠肉的卫生，防止疫病的传播，竹鼠在屠宰前均应接受健康检查。待屠宰的竹鼠必须无传染性疫病，并在屠宰前禁食12小时。

在屠宰竹鼠之前，要将屠宰场地充分冲洗干净，并进行严格消毒。屠宰用具和设备也要严格消毒，屠宰员应穿上专门的工作服。

处死取皮用的竹鼠的方法很多，但应本着安全、简便、致死快，不影响竹鼠毛皮质量，不影响肉质的食用安全性，并保持耳、鼻、尾、四肢的完整以保证皮形的完整性为原则。

目前，较为常用的屠宰方法主要有以下几种。

1. 水淹法

将毛皮已经成熟的竹鼠密集地装进一个使其无法活动的铁笼里，紧闭笼门后浸入水中，10分钟后竹鼠全部淹死，然后取出倒挂在阴凉通风处，待绒毛晾干后即可剥皮。

2. 电击法

将竹鼠投入电网内，然后接通220伏照明电源，1分钟左右即可杀死网内所有竹鼠。竹鼠被电死后，关闭电源，取出尸体，再倒挂起来。这种方法尤其适用于大规模屠宰，但必须注意人身安全。

3. 折颈法

捉住竹鼠，用右手将竹鼠的头向后背方向屈曲，再用力向前方推，使第一颈椎与头部脱节，听到清脆的颈椎骨折断声，竹鼠即因断颈很快死亡。此法操作简单易掌握，并对毛皮质量无损害，但竹鼠很凶猛，弄不好手会被咬伤，务必注意人身安全。

4. 药物致死法

一般用横纹肌松弛药司可林或氯化琥珀胆碱处死。按每千克竹鼠体重使用1毫克药物剂量。进行皮下或者肌内注射，3~5分钟内竹鼠就会死亡。竹鼠死前无痛苦和挣扎，因此不影响毛皮质量，残留在体内的药物对人体也没有毒性，所以也不影响对竹鼠肉的利用。

5. 心脏注射空气法

此法需要两人配合操作，一人用竹鼠专用保定夹和手配合将竹鼠固定好，另一人用左手掐住竹鼠的胸部，使劲压迫心脏使之固定，右手持注射器，在心跳最明显处插入注射针（把握好针头插入的深度），待自然回血时。即可注入10毫升左右的空气，竹鼠两腿蹬直，迅速死亡。由于此方法操作较为麻烦，而且要求操作者应对竹鼠的身体结构比较熟悉。此外，往往还存在安全隐患，如果注射部位不准，还不能达到致死目的，所以，对此法不提倡。

第二节　竹鼠皮的加工技术

竹鼠的毛皮初加工是一项技术性很强的工作。竹鼠成年一般饲养至体重 1.5~2 千克以上时，即可出栏屠宰取皮。竹鼠皮一年四季都有使用价值，但以冬季毛皮质量最佳。毛皮成熟度的主要特征是全身毛峰长齐、绒毛紧密适中、蓬松、色泽光亮、口吹风能见到皮肤，风停毛绒即能迅速恢复，竹鼠活动时周身"裂纹"现象比较明显，皮板质量好。取皮时间一般在 11 月下旬至翌年 2 月为宜。

一、剥皮技术

竹鼠被处死后，不要停放过久，待尸体还尚有一定温度时剥皮，较易剥离。竹鼠皮的剥离，需用圆筒式剥皮法，先将两后肢固定，用挑刀从后肢肘关节处下刀，沿股内侧背腹部通过肛门前缘挑至另一后肢肘关节处，然后从尾的中线挑至肛门后缘，再将肛门两侧的皮挑开。剥皮时，先剥离后臀部，然后从后臀部向头部方向做筒状翻剥，剥到头部时要注意用力均匀，不能用力过大，保持皮张完整。不要损伤皮质层，最后用剪刀将头尾附着的残肉剪掉。

在整个剥皮过程中，在皮板上或者手上不断撒些木屑，以防止竹鼠肉及油脂污染毛绒。剥皮过程中下刀须小心，用力平稳，以防将皮割破。

二、刮油技术

为有利于竹鼠皮张的保存和销售，在竹鼠皮剥离后，应刮净皮板上带有的油脂、血迹或残肉等，若不刮除干净会影响贮存和鞣制。刮油时，可用手工操作，也可采用机器操作，还可以用机器粗刮操作后再用手工进行细刮。

1. 手工刮油技术

将筒皮套在粗细适合的厚橡皮管上或木制的刮油棒上，然后拉紧皮张，不要让皮张有皱褶。刮油用力要均匀，持刀要平稳，以刮净残肉、结缔组织和脂肪为原则。初刮油者刀要钝些，由尾向头部方向逐渐向前推进，刮至耳根为止，刮时皮张要伸展，边刮边用木屑搓洗竹鼠皮和手指，以防油脂污染毛皮。刮至竹鼠乳头和雄竹鼠生殖器时，用力要轻，以防止刮破。头部残肉不易刮掉时，可用剪刀将肌肉和结缔组织剪掉。

2. 机械刮油技术

目前，我国已有专用的小型兽类刮油机出售。可以减轻刮油的繁重劳动，提高工作效率。其具体操作方法是：将筒皮套在刮油机的木滚筒上，拉紧皮筒。两后肢和尾部用铁夹固定。右手握刀柄（橡皮刀），左手扶木滚筒，接通电源，将刮刀轻轻接触皮板，以能刮去油脂为度。刮油时从后部起刀向头部推进，回刀后再次从后部起刀，依次推刮，严禁复刀，走刀不能太慢，更不能停一处旋转刀具，否则由于刀具旋转摩擦发热，损伤竹鼠皮板，造成严重脱毛。皮板上残留的肌肉及结缔组织，可用剪刀修整。

三、洗皮技术

所有毛皮动物的毛皮在刮油后，均要用小米粒大小的硬质锯末或粉碎的玉米芯进行搓洗。洗皮的木屑一律过筛，用太细的木屑会粘住毛绒而影响毛皮质量。此外，由于带有树脂（如松木等）的锯末对毛皮质量有影响，因此，不能用有树脂的锯末来洗皮。洗皮时，先洗掉皮板上的浮油，再除去附着毛皮上的污物，要求洗净油脂，并使毛绒更加光亮、清洁，美观夺目。

洗皮方法有手工洗皮和机械洗皮两种。手工操作主要适合于皮张数量少，无设备条件的场所。机械洗皮则采用转笼转鼓进行洗皮：先将筒状皮的皮板向外，与干净锯末混合，并在转鼓里转几分钟，再取出，放入转笼内转动 3 分钟，除去附在皮板上的锯末。皮板洗完后，再将皮翻转使毛被朝外，置于转鼓内滚动 5 分钟，除去毛被上的污物及浮油。毛被呈现出原有的美观。洗净后再用转笼转 3 分钟，除去残留在毛被内的锯末。

四、上楦技术

经上述步骤处理后的竹鼠皮应及时上楦固定。上楦的目的是使竹鼠皮形成固定的商品规格、形状，防止干燥时发生皱褶，造成干燥不均等现象。

筒状皮须套在特定的楦板上干燥定型。楦板的规格应是按竹鼠大小而加工制作的。其上楦过程主要包括以下步骤：第一步将吸水性强的纸（如报纸）裁成斜条，缠绕在楦板上；第二步将竹鼠皮套上（腹部朝上）。调整两前肢腿口，使其与腹毛平齐；第三步翻楦板，拉整头部，调整耳壳、眼睑等部位；第四步将竹鼠皮背中线和尾置于楦板中心线上，适当伸长鲜皮，使其伸长到楦板某一刻度处，用皮钉或图钉加以固定；第五步将尾皮横拉，使毛皮比原尾缩短 1/3 或 1/2，用细铅丝网夹压加以固定；第六步再翻转楦板，拉宽两后肢腿皮，使其与腹面和臀部皮边缘平齐，压上细铅丝网固定。

五、干燥技术

上好楦板的皮张，即可进行干燥。干燥的方法有以下 3 种。

1. 送风控温干燥法

这种方法设备简单，效率高，能有效地保证皮张质量。其操作方法是：用电动鼓风机，将适宜温度的热风送到干燥框中，风通过框上若干气嘴吹出。干燥时将上好楦的竹鼠皮嘴对准气筒的风气嘴，空气则通过楦板上特殊构造，均匀吹入木楦与衬纸之间，经一定时间后，皮板即能得到均匀干燥。通常温度在 20～25℃、湿度在 55%～65% 的条件下，每分钟每个气嘴喷出空气 0.26～0.36 立方米。竹鼠皮经 24 小时即可风干。严禁高温烘烤，防止毛峰弯曲，以及焦板皮、焖板皮和皮张脱毛等现象的发生。并且鼓风机每天工作 1 小时左右要停机冷却一会儿。

2. 炉火控温干燥法

这种方法是在房间内放一火炉，保持室温 18～22℃，经 8～10 小时，皮张干燥到六七成时。再将毛面翻出，变成皮板朝里。毛朝外再干燥。在干燥过程中，一定要翻板及时。严防温度过高，以防止毛峰弯曲而影响毛皮的美观。

3. 室温自然干燥法

在无设备条件的地区，可采用室温自然干燥的方法。但必须先将皮板朝外，将其悬挂在通风处，自然风干 3～4 小时，切忌在太阳底下暴晒。待皮张自然干燥到 6～7 成时再翻板，让毛朝外后再自然风干到皮张含水量为 13%～15% 时才可下楦板。如果皮张的含水量超过 15%，则在南方保存时容易发霉，所以竹鼠皮张的含水量必须保持在 15% 以下。

六、贮存及运输技术

下楦后的皮板，易出皱褶，被毛不平顺，影响毛皮美观。因此，下楦后用密齿小铁梳轻轻将小范围缠结毛梳开。梳毛时动作一定要柔和而轻，用力梳会梳掉针毛。最后用毛刷或干净毛巾擦净。将竹鼠毛皮分品种和等级，根据重量、大小，每 30 张或 35 张捆成一捆，每捆两道绳，然后装入木箱或纸壳箱中，必须是整形的容器。要求平展地装入，不得折叠，切忌摩擦、挤压和撕扯。毛对毛、板对板平顺地堆码，并撒上一定量的防腐剂。然后在包装物上注明品种、等级和数量，最后入库保存。要求库内温度为 5～25℃，相对湿度为 60%～65%。

竹鼠皮若用公路运输，必须备有防雨防雪设备，以免中途遭受雨雪淋。凡需长途运输，必须检疫、消毒后方能运输，以防病菌传播。

七、竹鼠毛皮的收购等级标准

鉴别竹鼠皮品质好坏，主要以毛绒丰密、整齐、皮形完整和冬季产的质量为好。夏季产的毛绒显稀薄，色泽暗淡，皮板薄，质量差。

一等：毛绒丰厚，呈灰白色，色泽光润，板质良好。

二等：毛绒空疏或短薄，色泽发暗。

等外：不符合等内要求的皮为等外皮。

第三节　竹鼠肉烹饪加工技术

一、食用竹鼠的屠宰技术

我国南方地区的人们在食用竹鼠时一般不剥皮。

宰杀时，先用 15~20 毫升的白酒徐徐灌入竹鼠肚内，待其口里冒出白沫。说明竹鼠已经昏醉，这时用小刀刺喉放净血液。也可以用棍棒猛击竹鼠后脑，使其脑部受振荡而陷入昏死状态。这时再用小刀刺喉放净血液。然后用80℃的热水烫屠体 2~3 分钟，烫好后顺着毛的着生方向煺毛。清除粗毛后．用刀刮去小毛。再用火烧去细毛，见图 7-1，烧到竹鼠的外皮稍焦黄即可，这样还可以增加竹鼠肉质品的香气。洗刮干净后，立即进行开膛，除去内脏和骨头（散焖和生炒竹鼠也有不除骨的）。此外，取皮后留下的竹鼠肉体待冲洗干净后，也应立即进行开膛，按食用竹鼠同样的方法除去内脏和骨头。

在开膛和内脏摘除的过程中，要防止肠道破损，消化道内容

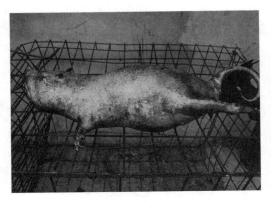

图 7－1　火烧竹鼠

物污染竹鼠胴体。开膛时要小心细致，先把消化道整体摘出来，并保持完整，然后再摘除肝脏、心脏、肾脏、肺脏等。在摘除内脏过程中，要用带有足够压力的清水多次冲洗胴体内外，以清洗腹腔残余的血污。

摘下内脏并要及时处理。心脏除去心包膜和血管、脂肪及心内血块；肝脏去除血管；胃除去内容物后，洗净待用。

摘完内脏后，依次除去头颈部和前、后肢的爪部，就得到了竹鼠的胴体。

二、竹鼠肉的包装、冷冻和冷藏

将竹鼠胴体分割后，在室温为 12～15℃ 条件下迅速包装。使用的包装材料，可用防潮无毒的玻璃纸或塑料袋。包装后的成品要及时入库冷冻。冷冻的方法，可采用送风式冷冻，也可以采用直接冻结，使冻结库最低温度保持在 －30℃ 以下，相对湿度 90％。冻结要求，肌肉中心温度在 24 小时内降至 －15℃ 以下。速冻后，即可以转入冷库贮存，其温度应保持在 －18℃ 以下，温度变动不得超过2℃，相对湿度为90%。

三、竹鼠食品的烹饪

竹鼠的净肉率高，达到55%～60%。竹鼠的肉质细嫩，美味可口，易于消化，是属于低脂肪、低胆固醇、高蛋白的肉食类，其营养价值和药用价值都很高。竹鼠肉无论是蒸、煮、炸，还是炖、煲、烤等，都味道清香鲜美、风味独特，是不可多得的"山珍野味"食品。下面介绍几种常用的烹调方法，以供参考。

1. 腊竹鼠

（1）原料　竹鼠胴体、白糖、精盐、酱油、味精、白酒、茴香、桂皮、花椒、硝石。

（2）制作

a. 用50℃温水将洗净的竹鼠浸泡软去浮油，放在滤盘上沥干水分。

b. 以调料拌制。拌制时应先将竹鼠放在容器内，再将调料混合均匀，倒入缸内用于拌匀。并每隔2小时上下翻动一次，尽量使料渗透到竹鼠内部。

c. 腌制时竹鼠须分大小规格。确保质量。腌制8～10小时即可取出系绳。此时如发现腌制时间不足，可放入腌缸复腌至透再出缸。

d. 竹鼠腌制出缸后，即可晾晒。

e. 须经常检查竹鼠的干湿程度，如暴晒过度，则滴油过多，影响成品率；如晾晒不足则容易发生酸味，而且色泽发暗，影响质量。晾晒时应分清大小规格，以防混淆。

f. 要检查腊竹鼠成品是否干透，如发现外表有杂质、白斑、焦斑和霉点等现象时，应剔出另外处理。

g. 腊竹鼠贮藏时应注意保持清洁。防止污染，同时要防鼠啮、虫蛀。如吊挂于干燥通风阴凉处，可保存 3 个月。如用坛装，则在坛底放一层 3 厘米厚的生石灰，上面铺一层塑料布和两层纸，放入腊竹鼠后，密封坛口，可保存半年；如将腊竹鼠装入塑料食品袋中，扎紧袋口埋藏于草木灰中，也可保存半年。

2. 清炖竹鼠

（1）原料　1 只重约 1 千克的竹鼠胴体，冬笋 100 克，黄豆 200 克，清水 2 000 毫升，料酒 10 毫升，食盐 20 克，生姜 5 克，花生油 10 毫升，香葱 3 克。

（2）制作　将竹鼠肉切成块，加入姜、酒、盐腌渍半小时，然后下锅，加入冬笋、黄豆。大火煮沸后，改为小火炖 2 小时（或用高压锅大火煮至喷气，改为小火炖 15 分钟。熄火后停 20 分钟才开盖。上桌前，在表面撒上香葱即可食用，见图 7 - 2。

图 7 - 2　清炖竹鼠

3. 清蒸竹鼠

（1）原料　1 只重约 1 千克的竹鼠胴体，味精 2 克，生姜 5 克，火腿 50 克，芝麻油 5 克，水发冬菇 50 克，胡萝卜 30 克，水发玉兰片 50 克，精盐 15 克，老蛋片 30 克，胡椒面 2 克，白菜心 100 克，香葱 5 克，料酒 10 克，上汤 1 000 毫升。

（2）制作　首先将白菜心洗净，切成 1.3 厘米长的段。火腿切片，胡萝卜在开水中焯熟后切片，葱、姜拍破，然后把竹鼠胴体用 80～90℃ 开水猛烫一遍捞起，切块摆入盆内，加精盐 10克、料酒、葱、姜，用旺火沸水蒸 3 小时，取出拣去葱、姜。此后，放在炒锅内注入上汤，旺火烧开，加入白菜心、水发玉兰片、水发冬菇、火腿片、胡萝卜片、老蛋片，煮 2 分钟，撇去浮沫。最后，用胡椒面、味精调好味，浇在竹鼠上面，淋上芝麻油即成，见图 7 - 3。

图 7 - 3　清蒸竹鼠

4. 生焖竹鼠

（1）原料　1 只重约 1 千克的竹鼠胴体，嫩竹枝一小节，生姜 10 克，料酒 10 毫升，食盐 10 克，腐乳半块，食醋 200毫升，酱油 10 毫升，白糖 5 克，蒜苗 100 克，香葱 5 克，清水 1 升。

（2）制作　将竹鼠肉切成块，加入姜、酒、盐腌渍半小时后，放入铁锅用花生油爆炒至冒白烟，再加入食醋 100 毫升、清水 500 毫升（盖过肉面）、竹枝一小节，用大火煮沸后，再用小火焖至水干。然后，再加入清水 500 毫升、食醋 100 毫升及酱油、腐乳、糖等，一起焖干。最后，加入花生油和蒜苗与竹鼠肉块一道爆炒。在菜面撒上香葱即可食用。

5. 干锅竹鼠

（1）原料　1 只重约 1 千克的竹鼠胴体，嫩竹枝一小节，生姜 10 克，料酒 10 毫升，食盐 5 克，腐乳半块，食醋 200 毫升，酱油 10 毫升，白糖 5 克，香葱 5 克，啤酒 50 毫升，清水 1 升。

（2）制作　按生焖竹鼠的方法，煮至八成烂熟，转入砂锅，加入啤酒后，撒入香葱，然后用文火加于砂锅下，趁热食用，见图 7 - 4。

图 7 - 4　干锅竹鼠

6. 红烧竹鼠

（1）原料　1 只体重约 1 千克的竹鼠胴体，生油 500 克，大茴香 10 克，小茴香 10 克，丁香 5 克，甘松 5 克，陈皮 5 克，草果 25 克，食盐 50 克，白糖 25 克，味精 10 克，三花酒 150 克，酱油 25 克，生姜 35 克，香葱 30 克，食醋 10 克，麻油 5 克。

（2）制作　先将竹鼠胴体放入锅中加清水用猛火烧沸，改用文火煲至竹鼠肉能插入筷子时捞起，用粗针插遍全身；再用白糖和醋抹于皮面。起油锅烧至九成热，将竹鼠入油锅炸至皮呈黄色，出锅，倒出余油换以汤水，加入各种配料，烧开后放进炸好的竹鼠，加盖焖至肉不韧，捞起用花生油抹皮面，斩件并保持原形，拼于椭圆形碟上，以锅内原汁勾芡淋于面上，加小麻油即成，见图 7 - 5。

图 7 - 5　红烧竹鼠

7. 蒜烧竹鼠

（1）原料　1 只体重约 1 千克的竹鼠胴体，蒜瓣 100 克，火腿片 50 克，酱油 20 克，水发冬菇 50 克，甜酱油 30 克，食盐 5 克，芝麻油 10 克，味精 3 克，绍酒 30 克，香葱 20 克，肉清汤 500 克，生姜 10 克，熟猪油 100 克。

（2）制作　先将净竹鼠胴体剁成大小均匀的 30 块。入清水中漂洗干净。沥去水分。再在炒锅上旺火，注入猪油 50 克，烧至七成热后，倒入竹鼠肉煸炒。加入拍松的香葱和生姜、酱油、甜酱油、绍酒，煸干水分，加入清水，烧沸后改用小火炖至酥软。然后，取另一只锅，下猪油 50 克，放入蒜瓣用小火炸香，至黄，加入火腿片、冬菇片，下入竹鼠肉，加盐、味精，收稠汁后，拣去葱姜．最后淋上芝麻油即可见图 7－6。

图 7－6　蒜烧竹鼠

8. 葱油竹鼠

（1）原料　1 只体重约 1 千克的竹鼠胴体，生姜 10 克，香葱 5 克，食盐 15 克，白糖 10 克，味精 5 克，料酒 20 毫升，酱油 10 克，食醋 10 克，麻油 10 克。

（2）制作　将竹鼠胴体切成 4 大块，加入白糖、味精、酱油、食醋等配料腌渍半小时。置于锅中加水炖 2 小时，至水干八成烂熟为好。取出切块排在碗里，将姜和葱切成细丝放于碗中，加入食盐、料酒拌匀，铺在竹鼠肉上面，将麻油烧热，淋在葱、姜丝上面，即可食用。

9. 烧烤竹鼠

（1）原料　1 只体重约 1 千克的竹鼠胴体，食盐 50 克，辣椒粉 5 克，八角粉 10 克，野花椒粉 5 克，香葱 10 克，蒜 50 克，芫荽 10 克。

（2）制作　先将竹鼠胴体带皮切成长 10 厘米、宽 6 厘米左右的肉块。再加抹适量的食盐、辣椒粉、八角粉、野花椒粉，用鲜香茅草捆扎。然后用竹夹棍夹住肉块在炭火或烤炉上烘烤至七八成熟时，取出肉块将肉捶松，加切细的葱、蒜、芫荽末揉搓。最后，重新上夹烘烤至熟即供食用；或将油烧滚后浇淋在烘烤好的竹鼠肉上再装盘食用。

10. 竹鼠笋片汤

（1）原料　1只体重约1千克的竹鼠胴体，笋片150克，老姜30克，食盐10克，香葱10克，味精3克，酱油10克，料酒20毫升。

（2）制作　先将竹鼠胴体洗净，放入沸水锅内焯一下，洗净血污斩块，用老姜切片去腥。再用锅烧热，投入竹鼠块煸炒，烹入料酒、酱油煸炒几下，加入食盐、味精、姜丝和适量清水，烧至竹鼠肉熟烂，加入笋片烧至入味，出锅装盆即成。该汤可治疗体虚力弱和肾虚，对身体非常有益，有滋补作用。

11. 竹鼠药膳汤

（1）原料　1只体重1千克左右的竹鼠胴体，鸡骨架1个，天冬25克，参片20克，黄精20克，姜片5克，香葱10克，食盐10克，味精3克，胡椒粉5克，绍酒20毫升。

（2）制作　先将竹鼠胴体切块，放进沸水锅内，加姜、葱、绍酒煮2分钟，用清水漂洗干净待用；再将竹鼠肉和天冬、参片、黄精及鸡骨架、姜片、葱一起放进砂锅内，加入适量的清水、黄酒，少许食盐，先用旺火煮沸。后转慢火煨约10分钟，去掉汤上面的浮油，加盐、味精调味即成，见图7-7。该汤能滋补五脏，养阴补精，解毒除热，补中益气，尤其适用于肾阴虚或体质虚者，为调补良药，久服能延年益寿，对防治早衰、肥胖症有良效。

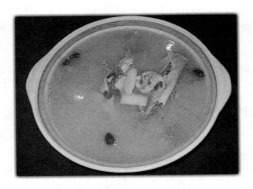

图 7-7　竹鼠药膳汤

第四节　竹鼠副产品加工技术

1. 竹鼠血酒炮制技术

用大碗盛 50°以上白酒 500 毫升，宰杀 2~3 只竹鼠后将其血注入。先将竹鼠用铁钳固定好，然后一人抓钳提尾，另一人左手紧握竹鼠颈背，右手持尖刀刺入竹鼠咽喉部（与杀猪进刀部位相同）的静脉窦，抽出刀时，血流注入酒中。酒中掺入竹鼠血越多越好，通常每 500 毫升白酒注入 2~3 只竹鼠鲜血，拌匀即可饮用。每次饮服 20~40 毫升，可治疗哮喘、老年支气管炎和慢性胃痛。竹鼠血酒一次饮用不完，可放冰箱冷藏室内保存。

2. 竹鼠胆酒炮制技术

用大碗盛 50°以上白酒 250 毫升，将 1 只竹鼠鲜胆汁滴入拌匀，即可饮用。每次饮服 50 毫升，可治眼炎和耳聋，平时常饮有助于清肝明目。竹鼠胆酒一次饮用不完，可放冰箱冷藏室内保存。

3. 竹鼠骨药酒炮制技术

配方：竹鼠生骨 60～80 克，猫骨 30～50 克，黄精 30 克，苁蓉 30 克，黑豆（炒）50 克，川芎 15 克，大枣 7 枚，党参 15 克，萸肉 30 克，枸杞子 20 克，川仲（炒）25 克，60° 白酒 1 升。

制法：将生竹鼠骨、猫骨炙酥后捣碎，与其他药物、白酒共置入容器中。密封浸泡 1 个月以上。

用法：早、晚各饮服 1 次，每次 20～30 毫升。

功效：主治关节痛、类风湿、坐骨神经痛。

第八章　竹鼠疾病诊治

第一节　鼠场卫生防疫

1. 搞好饲料卫生

竹鼠饲料不得来源于污染区和传染病疫区，对每批饲料都要进行全面检查，清除芒棘、杂质等异物，剔除有毒的、霉烂腐败的部分，并在加工和饲喂前清洗干净。陈年玉米、豆类，喂之前须用 0.1% 的高锰酸钾溶液浸泡 20 分钟，进行除霉菌处理。另外，在饲料中适当添加饲料总量 0.2% ~ 0.5% 的磺胺二甲嘧啶、土霉素或强力霉素等抗菌药物，或者取鱼腥草适量用水煎液取汁少许加入米醋再调些白糖喂竹鼠，可以有效地防治球虫、肠炎和感冒。

2. 搞好栏舍卫生

建立严格的消毒灭菌制度，要求每天都将栏舍内粪便清扫一次，饲养舍和饲养池的地面、墙壁每月消毒一次。梅雨季节可适当增加消毒次数。消毒液交叉使用可有效杀死病毒和细菌，消毒液可选用 2% 热烧碱水、20% 漂白粉水对栏舍喷洒，也可选用 3% 的来苏儿水以及 3% 的福尔马林溶液；1% 氢氧化钠溶液、0.1% 新洁尔灭溶液、0.01% 的苯扎溴铵溶液、0.1% 洗必泰；2% 加香甲酚皂溶液或 0.1% 消毒净；1/300 菌毒敌溶液等进行消毒；也可以用米醋熏蒸 30 分钟。如果发生传染病时，应当每天对栏舍消毒一次。

3. 搞好用具卫生

各个饲养舍的用具不得混用，养殖场常用的饲养用具如粉碎机具、切割器具、笼箱、饲料盘、盛料桶等要按时进行清洗消毒，存放在清洁干燥的环境。一般每周用 0.1% 高锰酸钾溶液消毒一次。粪车用完后应清扫干净归回原位。

4. 搞好饲料调制室的卫生

饲料调制室的用具用后应洗刷干净，用 0.1% 高锰酸钾溶液刷洗或者福尔马林熏蒸，也可用紫外线灯照射 30 分钟。

5. 搞好休息室的卫生

休息室每天清扫，每周用规定浓度的过氧乙酸溶液消毒一次。

6. 搞好饲养员自身的卫生

饲养员上班时应穿着配备的工作服，下班更衣后工作服用紫外灯消毒，每次照射时间 10 ~ 20 分钟。饲养员身体应健康，每年体检一次。有疫情的竹鼠养殖场，每年体检两次，发现患病者应立即调离。

7. 搞好废弃物的处理工作

每天清扫饲养池所收集的竹鼠粪便要进行集中发酵处理；投喂竹鼠的食物残渣以及其他生活垃圾等废弃物要集中处理或深埋。

8. 搞好防疫工作

竹鼠饲养舍的门前要设立消毒槽，消毒槽内随时蓄有具有一定消毒能力的、适宜深度的消毒液。要防止一切畜禽进入竹鼠饲养舍；养殖场内不得饲养其他畜类和禽类。饲养场内栽种的树木应防止其他动物栖息、筑巢或群集。非本场生产人员不得进入生产区；饲养人员不得随意串场；严格限制参观，如有参观的人员也必须在消毒室内更换防疫服、胶鞋，认真消毒后经引导到场舍外参观。新引进的竹鼠应隔离 30 天以上，并重新检疫后方可合群饲养。发生疫病时，应立即对患病竹鼠、可疑感染竹鼠、假定健康竹鼠进行隔离、紧急接种和场地消毒，并划区封锁，对健康竹鼠群应进行预防接种和场地消毒。

9. 严格执行免疫计划

定期检疫，按照科学的免疫程序，采用有效的免疫方法。竹鼠养殖场一旦发生传染病，首先将可疑病鼠隔离治疗，对污染过的栏舍、食盆等进行彻底消毒，以切断各种传播媒介，净化环境，并对健康竹鼠采用药物进行预防，这是唯一的手段，特别是某些疾病流行季节，采用药物预防作用很明显。春季梅雨季节竹鼠容易患流行性感冒，用板蓝根冲剂等中成药拌精料饲喂可预防和治疗感冒；1~2月易患流行性腹泻，用乙酰甲喹拌料喂食可预防沙门氏菌病及大肠杆菌病的发生；用左旋咪唑喂食可预防和治疗竹鼠体内寄生虫等疾病。

对竹鼠危害较大的传染病，要根据疫情适时进行免疫接种。疫苗免疫接种是预防和控制竹鼠传染病的一项极为重要的措施，但目前生产上尚无竹鼠专用疫苗，可试用其他动物的疫苗（兔子等）进行接种，有一定的防疫效果。

10. 妥善处理无治疗价值的竹鼠和病亡竹鼠

患某些疾病的竹鼠，如确实没有治疗价值的，要迅速淘汰。如果要利用这类竹鼠，则应在兽医的监督下进行加工处理，不准在养殖场内及场外10米的地方宰杀、解剖病鼠及埋死鼠。死亡的病竹鼠和屠宰后废弃的被毛、血、内脏等要进行深埋处理。患病的竹鼠必须在养殖栏舍10米外隔离观察、治疗，以防传染给其他鼠群。

第二节 竹鼠疾病的诊断及治疗技术

一、捕捉与保定方法

对于野生竹鼠和驯化程度不高的竹鼠，当人接近（尤其是生人）时，即表现出惊慌不安，或者逃避，甚至会向人攻击。在捕捉时如无防备，则易被咬伤。在捉拿时，应悄悄接近竹鼠，避免惊扰，用手指抓住竹鼠的颈背皮肤或抓尾巴将其提起来，并做到轻拿轻放。如果投药或打针，最好采用特制的竹鼠保定铁夹（可用厨房火钳改制）夹住颈部。

二、竹鼠疾病的治疗技术

对竹鼠疾病的治疗方法很多，凡是能使病竹鼠由病理状态转为正常状态的任何一种手段、措施和方法，都叫作治疗方法。一般常用的竹鼠养病治疗的基本方法有口服给药、皮下注射、肌内注射、直肠灌注和手术治疗等。

1. 口服给药法

口服给药法是治疗竹鼠疾病最常用的一种方法，尤其适用于竹鼠的胃肠疾病。药物被竹鼠吸收后不仅对其全身各器官组织起作用，而且还可以直接在身体局部发挥作用。

当患病竹鼠尚有较好食欲，而且所服药物又没有特殊异味，为了节省捕捉上的麻烦，可以在喂前将药物制成粉末均匀地拌入适量的适口性强的饲料中，让其取食。特别是在大群投药时，要注意把药物与饲料混匀，防止采食不均，造成药物中毒，因此，为了防止竹鼠的药物中毒，最好对每头竹鼠单独喂给。为了增强投药效果，也可以在喂前让竹鼠先饿上一餐，再喂给拌有药物的食物。

如果竹鼠拒食，且药剂量又太多的情况下，可以采用胃管投药法。由于竹鼠体型较小，不能像家畜那样用胃管直接由鼻孔插入胃内投药。常以带孔木棒让竹鼠咬住，用胃管（人用导尿管）通过小孔由口腔经食道插入胃内（注意切勿插入气管）。另一端接上装好药液的注射器，即可将药液缓缓注入胃内。用过的胃导管洗净后，再用 0.1% 新洁尔灭消毒。

2. 皮下注射法

对无刺激性的注射药液或需要快速吸收时以及疫苗、血清等，可采用皮下注射法。注射部位选择皮肤疏松、皮下组织丰富而又无大血管处为宜。常选择竹鼠的后腿内侧作为注射部位。注射时将注射部位局部除毛后，用酒精棉球消毒，用左手拇指和食指将皮肤捏起，使之生成皱襞，右手持注射器，迅速将针头刺激入凹窝中心的皮肤内，深约 2 厘米，放开皮肤，抽动活塞不见出血时，注入药液。注射完毕，拨出针头，立即用酒精棉球揉擦，使药液散开。

3. 肌内注射法

凡是不适宜于皮下注射，及有刺激性的药物（如水剂、乳剂、油剂青霉素等）均采用肌内注射法。由于肌肉血管丰富，注射后药液吸收较快，而且神经较皮下少，不会引起疼痛反应或疼痛反应较轻，所以，在竹鼠临床中最为常用。

竹鼠肌内注射的部位常选择大腿部肌肉。注射方法是将针头刺入肌肉内，抽拔活塞确认无回血后，注入药液。注射时不要将针头全刺入肌肉内，以免折断时不易取出。

4. 直肠灌注法

直肠灌注法是将药液通过竹鼠肛门直接注入直肠内的一种方法，该法常用于竹鼠的麻醉、补液和缓泻（治疗便秘）。大多应用人用导尿管，连接大的玻璃注射器作为灌肠用具。具体操作方法是：高举竹鼠的后躯，先将肛门及其周围用温肥皂水洗净，待肛门松弛时。将导尿管插入肛门 5 厘米深处，药液放入注射器内推入。以营养为目的时，灌注量不宜过大，而且药液温度应接近体温，否则容易排出。以下泻为目的，则剂量可适当加大。

5. 手术治疗法

手术治疗需要兽医人员确诊后进行。

第三节　一般疾病诊治

一、感冒

竹鼠感冒称为伤风，是由受寒冷刺激而引起的发热和上呼吸道黏膜发热的一种急性、全身性感染疾病，若不及时治疗，很容易继发支气管炎、肺炎和其他恶性疾病。

1. 病因

由于天气突然变化，受寒冷的刺激，特别是早春晚秋季节（俗称春秋两季为感冒季节），冷热不均，栏舍通风不好，潮湿或冬天受寒风侵袭，遭雨淋以及昼夜温差大，造成竹鼠抵抗能力下降，呼吸道的病原微生物乘机大量繁殖。特别是仔鼠以及体质差一些的成年竹鼠更容易感染，从而导致本病发生。另外，栏舍卫生条件差，饲料残渣和粪便粉尘污染，均有可能导致上呼吸道黏膜发生急性卡他性炎症，维生素缺乏也有可能诱发此病。本病一年四季均有发生，但春秋两季多发，并为散发。

2. 临床症状

受寒后突然发病，体温升高、怕冷、精神不振，有咳嗽、打喷嚏或流鼻涕、鼻塞等症状。患病竹鼠不爱活动，眼结膜红或眼睑含泪，食欲减退，鼻黏膜发炎、红肿。触摸鼠尾发凉。初期流出少许浆液性鼻液，然后为黏液性鼻液，呼吸困难，基本上不食或拒食，舌苔泛白，有的出现畏寒、战栗、怕冷，体温升高，若不及时给药治疗，则转为支气管肺炎。

3. 诊断

（1）根据临床症状，患鼠精神沉郁不振、咳嗽、打喷嚏、流鼻涕及发热，依季节天气的特点可以确诊。

（2）本病与流行性感冒相似，但有区别，感冒为普通细菌性引起的疾病，一般多为散发，没有传染性，一般为体质弱、抵抗力低时发病；流行性感冒为病毒性传染病，一旦发生即流行，致使大面积感染，附近栏舍的竹鼠都有可能患病。

4. 预防

（1）加强饲养管理，改善环境条件，防止受寒或冷风侵入。栏舍内要保持干净、卫生、干爽，空气要流通，天气变化时要采取相应的措施，昼夜温差大，要适当添加垫草，关好门窗，防止受冷风袭击。

（2）对体质弱的竹鼠和断奶刚隔离出来单独喂养的仔鼠要供给全价饲料，提高这一阶段竹鼠的机体抵抗能力，预防本病发生。

5. 治疗

治疗以解热镇痛、祛风散寒、防止继发性感染为原则。

（1）解热镇痛可以肌内注射30%安乃近或安痛定注射液0.3～0.5毫升，或扑热息痛1～2克，也可用复方氨基比林或柴胡注射液0.5毫升肌内注射；口服阿酚散。幼鼠口服复方磺胺二甲基嘧啶散，一天1～3次。

（2）祛风散寒可选用白石清热冲剂（含白茅、板蓝根、银花、蝉蜕等），口服（滴喂），也可服用感冒片或银翘解毒片。

（3）用青霉素8万～12万单位与0.3～0.6毫升柴胡注射液进行肌内注射效果很好。

（4）用抗生素或磺胺类药物防止细菌继发感染，用氨苄青霉素0.5毫克肌内注射，每天2次，连用2～3天，也可采用链霉素、复方新诺明等治疗，效果也很好。

（5）用青霉素钠盐与地塞米松混合注射 1～2 次即可痊愈。

二、肺炎

竹鼠肺炎是肺实质发炎，由于肺泡内渗出物增加，使呼吸功能产生障碍而引起的一种疾病，常见的有小叶性肺炎和大叶性肺炎。

1. 小叶性肺炎

小叶性肺炎也叫支气管炎或卡他性肺炎，是竹鼠上呼吸道感染的一种常见疾病，与鼠场饲养管理不好、卫生条件差、通风不良、营养搭配不均衡、竹鼠体质弱、吸入刺激性气体等原因有关。由呼吸道常在菌大量繁殖以及病原菌大量侵入而诱发此病。一般为春秋两季气候变化之时多发，以咳嗽、胸部听诊有啰音为特征。此外竹鼠患流感，体内寄生虫等疾病也有可能诱发此病。

（1）病因 寒冷刺激以及化学因素是原发性支气管炎的主要原因。一般在初春空气湿度、早晚温差大及秋末天气突冷时导致呼吸道的防御能力降低，呼吸道中很多常在细菌（如肺炎球菌、巴氏杆菌、链球菌、葡萄球菌等）得以大量繁殖而产生致病因子，引起支气管疾病。环境卫生条件差、竹鼠体弱或吸入粉碎的饲料、混浊的粪便尘埃、霉菌孢子，以及氨气很浓的气体也可能诱发支气管黏膜炎症或降低竹鼠的抵抗力而引起支气管炎。另外，竹鼠患感冒、鼻炎、气管炎和某些肠道疾病时不及时合理地进行治疗，也有可能引发生支气管炎。维生素 A 缺乏同样增大呼吸道黏膜对此病的易感性。

（2）临床症状 竹鼠患此病时精神沉郁，食欲减退，体温稍为升高，喜卧、怕冷，头埋在两前脚中蜷缩成一团，鼻黏膜潮红，流出浆液性或黏膜性鼻液、脓液，有恶臭味。最初为干咳，后期变为湿咳，听诊有干、湿啰音，支气管炎主要表现为持续性咳嗽，若不及时治疗，可引发大叶性肺炎，时间拖长有可能出现死亡。

（3）诊断　根据临床症状发病时咳嗽，干咳或湿咳，有干、湿啰音，呼吸困难等结合病理变化可以作出确诊。

（4）预防　平时一定要加强饲养管理，喂营养丰富、蛋白质含量稍高、容易消化的饲料，提高竹鼠的抗病能力，要搞好栏舍的定期消毒及环境卫生，严格实行"一提一摸一观察"的制度，即一天将竹鼠提起来一次，用手触摸身体，感觉温差、皮质，观察五官黏膜及肛门周围的情况。同时注意天气变化，做好防寒通风工作，保持栏舍内干燥不潮湿，防止寄生虫侵入竹鼠体内，防止病菌滋生繁殖，防止感冒发生，切断继发性支气管炎的病原。

（5）治疗　支气管炎目前用药并不复杂，消除炎症是最基本的手段。主要选用链霉素、青霉素及磺胺类药，用法用量与竹鼠感冒用药差不多，同时服用一定剂量的镇痛止咳药。

青霉素 8 万～10 万单位肌内注射，每天 2 次；链霉素 10～15 毫克连用 3 天，也可以用红霉素、磺胺二甲基嘧啶，药效亦好。15% 安钠咖 0.3～0.5 毫升肌内注射，同时喂咳必清、枇杷露止咳糖浆，每天 2～3 次，连用 3 天。

2. 大叶性肺炎

大叶性肺炎也叫格鲁布性肺炎或纤维素性肺炎，很多症状与小叶性肺炎相似。病因主要是天气寒冷，吸入刺激性气体，营养不良、体质弱，使内源性微生物伺机繁殖或外源性细菌（肺炎球菌、坏死性杆菌、沙门氏菌、链球菌、绿脓杆菌、大肠杆菌、化脓棒状杆菌等）侵入肺部而引起。本病一般发生于老弱、年幼竹鼠，春秋两季为多发季节。仔鼠吸乳汁时呛入肺部也会引起异物性肺炎。小叶性肺炎如果没有及时治疗，病灶常呈现散在性特点，化脓菌感染的结果称之化脓性肺炎。其次，竹鼠感染流感或寄生虫病也有可能继发这种疾病。

（1）临床症状　和小叶性肺炎一样，竹鼠患病后精神沉郁，食欲减退或不食，体温稍高，脉搏增数，呼吸困难，黏膜潮红或发绀。鼻液呈浆液性、黏膜性、脓性，有恶臭味。肺部听诊：肺泡呼吸音粗粝；胸部听诊有捻发音及啰音，若不及时治疗，2～3天即死亡。死亡后剖检化验，白细胞明显增多，异物性肺炎除有明显的病因外，误吃、食咽呛着或灌药时使药液误入气管或者仔鼠吃乳汁时呛入肺部也可引起异物性肺炎。其他情况常发生肺坏疽，接近栏舍边就可闻到一阵阵恶臭味。

（2）诊断　根据咳嗽、呼吸困难以及听诊等临床症状和病理变化可以确诊。

（3）预防　竹鼠患此病原因有几个方面。首先，竹鼠养殖场必须有一套科学的管理系统，栏舍有较严格的排风、通风设备，冬天预防冷风、贼风袭击，防止潮湿，温度低时要添加垫草，防止竹鼠感冒，消除各种诱发此病的原因。一旦感冒要及时给药治疗，别让竹鼠病情加重变成肺炎。其次，要喂蛋白质含量稍高的全价饲料，保障竹鼠各年龄段生长需要的营养，以防缺乏营养；增强竹鼠的机体抵抗力，防止生病。最后，实行严格的消毒检查制度，定期消毒，扑杀栏舍内有害病菌因子，每天检查竹鼠，发现疑似患病，或有寄生虫病等一定要对症下药，以防发生肺炎。

（4）治疗　竹鼠肺炎的治疗主要以抑菌消炎和祛痰止咳为主，并结合护理的办法进行治疗。

①首先把病鼠隔离，放到专门的隔离池内，平时多给些易消化、含水量高的植物，并保证病鼠在适宜的温度（10～28℃）中接受治疗。

②抑菌消炎最好选用80万～160万国际单位的青霉素和100万国际单位的链霉素交叉使用，剂量按竹鼠的各年龄段分别为幼

鼠用青霉素 3 万～5 万单位、链霉素 5 万～8 万单位；青年鼠 5 万～8 万单位青霉素、链霉素 8 万～12 万单位；成年鼠 8 万～12 万单位青霉素、链霉素 12 万～15 万单位。或者肌内注射氨苄青霉素 0.3～0.5 毫克，每天 2～3 次。

③治疗时如果不是急性肺炎，可采用长效土霉素注射液 0.1～0.4 毫升，每天 2 次；四环素、庆大霉素、卡那霉素等疗效也很好。为减轻竹鼠因病而表现出的痛感（仔细观察可发现竹鼠牙齿紧闭或者咬住禾草、竹棍），可以注射一定量（0.3～0.5 毫升）的安痛定注射液。

④口服氨苯磺胺、磺胺二甲基嘧啶或者长效磺胺。

⑤注射中药针剂鱼腥草、苦木以及穿心莲等，每只成年鼠用量不能超过 0.5 毫升，幼鼠稍减，效果也好。

⑥有呼吸困难、咳嗽的用氯化铵及碳酸氢纳或氨茶碱，或用复方甘草合剂疗效也可以；口服杏仁水、复方樟脑酊、磷酸可待因亦有疗效，如果体温升高可以注射复方氨基比林或柴胡注射液 0.3～0.5 毫升，一天 1～2 次。同时，为增强心脏机能，改善血液循环，静脉注射 5% 葡萄糖 1～2 毫升，效果更好。

⑦为减少渗出，可用 10% 氯化钙溶液 0.5～1 毫升静脉注射或口服利尿剂促炎性渗出物的排出。

三、口炎

口炎又称为口疮，为口腔黏膜表层或深层的炎症。临床上以流涎及口腔黏膜潮红、肿胀、水疱、溃疡等为特征。它与病毒传染性水疱性口炎病有很大的区别。病毒性疾病多为传染病，有传染性，而口炎病为普通疾病。没有传染性，不是病毒引起的疾病，在治疗上用药是不相同的。

1. 病因

口炎病什么时候都有可能发生，机械性刺激是口炎病发生的重要原因，如喂食粗老竹根或硬木块及猫爪刺一类的植物，或竹鼠啃咬栏舍池壁，直接损伤口腔黏膜而引起炎症反应。另外是饲养管理因素造成的，如饲喂过热饲料等也可以引起口炎。一般春秋季节发生的口炎大都有流行性、有局部传染的病毒性疾病。口炎病还可以继发于舌伤、咽炎等临近器官的炎症。

2. 临床症状

竹鼠发生口炎，口腔黏膜发热、疼痛，食欲减退，在唇内面、口角、硬腭、舌缘和舌尖以及齿龈有很细小的水疱，舌苔发白，水疱破裂后有烂斑，严重时舌体肿胀，体温升高，有臭味的唾液常黏附在嘴的四周及颈部、胸前。

3. 病理变化

竹鼠患病初口腔黏膜红肿，少食，随后黏膜发炎疼痛，患鼠无法啃咬质硬的青粗植物饲料，肠道内无留食，有的为此继发肠炎、肠臌气，若不及时给药，竹鼠体温升高，嘴角、唇内、舌下细小的水疱开始裂烂，大量流涎，破裂的皮肤经水疱侵蚀可引发嘴周围肌肉糜烂和坏死，坏死的肌肉风干后脱落，有猩红疤痕，竹鼠患上口炎病一般有 3～5 天病程，70% 经食物调配加上及时给药可以治愈，30% 因体质弱而治疗无效死亡。

4. 诊断

根据季节天气的变化，区分传染性和非传染性口炎，观察流涎及口腔黏膜潮红、肿胀、溃疡的大小面积等特征可以作出确诊。

5. 预防

加强竹鼠粗饲料的管理，尽量减少粗硬带刺的老竹根或木块给竹鼠吃，以防可能带来的伤害，精细饲料要定时、定量投喂，不多喂，以免吃不完而腐败变质引发肠道疾病，更不要喂变质的食物或过热的饲料，同时喂全价饲料，多喂易消化、水质多的软质植物。

6. 治疗

（1）口炎病初期病情较轻，不易被察觉，一旦口腔细小水疱破裂，才可发现，这时应选用适当的药液进行冲洗，一般用0.1%的高锰酸钾溶液或用2%的硼酸溶液、2%的冰片和2%的明矾溶液混合进行口腔清洗，清洗后用碘甘油涂抹或龙胆紫液涂抹。

（2）口服维生素 B_1 或复合维生素 B 溶液，每天 2～3 次，成年竹鼠每次 2 毫升，幼鼠减半。

（3）口服磺胺类药效果良好。

（4）青霉素 3 万～12 万单位，链霉素 0.3～0.5 毫克，用灭菌注射用水或氯化钠溶液稀释进行肌内注射有良好的效果。每天2～3 次，连用 3 天为一个疗程。

（5）用利凡诺粉剂涂擦口腔溃疡，疗效显著。

四、胃肠炎

胃肠炎是胃肠黏膜及其深层组织（黏膜下层、肌层及浆膜层）纤维素性、坏死性炎症。主要是由于喂食霉变饲料如发霉变质的玉米颗粒、豆粕等引起。临床上以胃肠机能障碍、自体中毒和明显全身症状为特征。

1. 病因

（1）饲养管理不当、通风不好致使栏舍潮湿而产生霉菌。

（2）冬天采食被霜和雪打过的竹子或其他青粗饲料。

（3）不定时定量给竹鼠喂食物，饱一餐、饿一餐。

（4）突然更换饲料。

（5）不及时清除剩下的饲料，特别是污秽饲料、变质的饲料。

（6）垫草不干净、发霉或潮湿。

（7）精饲料中蛋白质含量达不到要求，营养不良，或者喂食大量高蛋白营养物质。

（8）没有定期消毒，栏舍内细菌滋生繁殖。

（9）长期滥用抗生素使竹鼠胃肠道菌群失调。

（10）一些传染病如流行性腹泻、痢疾、球虫病等感染。

（11）给竹鼠喂食时误食有农药残留的植物、有毒的植物、化学污染的植物。

（12）一些内科病如肠便秘、肾脏病等继发本病。

2. 临床症状

竹鼠患此病初期多为消化不良、食欲减退，胃肠黏膜浅表层轻度炎症，粪便干、硬，两头稍尖，呈猪肝色或稀软混有黏液，继之严重腹泻，粪便恶臭。腹泻是胃肠炎的主要症状，病的中期，肠音减弱。胃肠道内容物停滞还产生异常发酵和腐败，当有毒的分解物和胃肠道内细菌产生的毒素被竹鼠机体吸收后，就出现代谢障碍和消化紊乱，一般表现为先便秘后拉稀（也有不便秘就拉稀的症状），排出的粪便呈稀糊样或水样，肛门周围有污粪迹，有腹痛感，有的还表现为弓背蜷腹，胃、肠有不同程度上的臌气，一般体温不太高。病后期，肠黏膜脱落，肠音减弱或停止，目光无神，眼睑凹陷，被毛松乱无光泽，出现自体中毒症状，可视黏膜发绀、脱水，由于胃液失去酸性和低氯血症，全身痉挛和抽搐或者会在昏迷中死去。

3. 诊断

剖检病死竹鼠可见胃肠黏膜肿胀、潮红，有黏液性和浆液性渗出物，黏膜出血、糜烂、脱落、坏死等症状，结合临死前的症状如消化不良和严重的消化紊乱、腹泻、腹痛（咬住竹子和稻草不放）、发炎等进行诊断，临床上以重度胃肠机能障碍、自体中毒和明显全身症状为特征进行确诊。

4. 预防

（1）加强竹鼠饲养管理，严格执行科学的饲养管理制度，规范技术操作，特别是疾病流行季节杜绝外来人员入场。

（2）严禁投入发霉变质的饲料，吃剩的饲料一定要清除掉。

（3）必须定时定量饲喂，保证饲料新鲜、多汁、营养合理搭配。

（4）一定要坚持每天检查、清扫栏舍，保持栏舍清洁卫生。

（5）保持空气流通，保证栏舍内空气良好，没有氨气味、霉味、潮湿味以及空气混浊味。

（6）垫草一定要经常换，保证干燥没有污染。

（7）不能随意更换饲料，要更换饲料时应逐步更换。

（8）要坚持每天观察鼠群，看粪便、看食欲及精神状态；看毛色、看尿样，患胃肠炎的竹鼠被毛松、散、乱，尿黄稀少；看体形、听叫声，患胃肠炎的竹鼠体形蜷缩一团，叫声悲戚、发声长；看牙齿、看活动，正常竹鼠牙齿很干净、无杂物，患胃肠炎的竹鼠牙齿感觉有水渍或松动，牙根有异物积垢，显得不干净，如果患急性胃肠炎，竹鼠会感到腹痛难忍，会用牙咬住稻草或竹木条不放，活动力不强，基本龟缩不动，行走很吃力，摇晃打颤。

（9）按竹鼠大小、体重定期进行药物驱虫或用疫苗接种。

（10）不滥用抗生素，以防破坏胃肠道内正常菌群。

（11）发现痢疾病、球虫病、蛔虫病时要及时确诊和区分进行治疗。

5. 治疗

胃肠炎的治疗原则是清理胃肠，保护胃肠黏膜，制止腐败发酵，维护心脏功能，预防脱水，其方法分4步走。

（1）消炎杀菌　消炎杀菌目的是制止胃肠内容物腐败发酵，抑制肠道致病菌增殖，消除胃肠炎症，一般用药有几种方法：

①喂磺胺脒、小苏打。成年鼠1/3片，仔鼠1/4片或1/5片；氟哌酸1～5毫克，黄连素幼鼠1/3片，成年鼠1/2片。

②青霉素 3 万～12 万单位与安乃近、柴胡混合有抗菌止痛功效。③肌内注射庆大霉素、氨苄青霉素、土霉素等抗生素。④肌内注射磺胺嘧啶 0.3～0.5 毫升，使用三甲氧苄氨嘧啶（TMP）效果更好。⑤滴喂庆大霉素效果良好。⑥口服硫酸新霉素或痢特灵。⑦将阿莫西林加入生理盐水进行肌内注射，对慢性胃肠炎效果极佳。⑧采用次水杨酸铋与四环素联用对治疗竹鼠腹泻、腹胀疗效显著。⑨干酵母口服可促进胃肠内免疫球蛋白 A 的分泌，中和致病菌产生的肠毒素，特别是对梭菌引起的慢性胃肠炎有很好的临床疗效。

（2）清理胃肠

①用 0.01% 高锰酸钾溶液给竹鼠饮用可以起到胃肠道消毒作用。②病鼠有排恶臭稀粪、胃肠道内有大量异常内容物积滞时，可用缓泻剂人工盐 0.1～0.5 克加适量的水灌服，或者灌服石蜡油 0.3～0.8 毫升。③胃肠内若无留食，粪便臭味不大但仍腹泻不止的患鼠可用药用炭、淀粉酶、次硝酸铋、鞣酸蛋白等适量加水灌服，保护胃肠黏膜。④如有腹痛的患鼠可内服颠茄酊或十滴水 0.3～0.8 毫升。⑤用 1% 硫酸镁注射液进行肌注可缓解肠痉挛，减轻急性胃肠炎时腹痛、腹泻，效果良好。⑥用丙种球蛋白静脉注射治疗顽固性胃肠炎效果很好，若与抗生素合用治疗竹鼠幼鼠感染降低死亡率，有明显疗效。⑦乳酶生为活性乳酸杆菌制剂，可分解糖类生成乳酸，使肠内酸度增高，改善肠道动力运动，调节结肠水分吸收，可防止胃肠道菌群失调，同时调整肠道内微生物平衡，恢复肠黏膜屏障功能，对胃肠道发酵性胀气、消化不良、伤食性胃肠炎、腹泻有明显疗效。⑧新鲜马齿苋洗净喂服，每天 1～2 次可以强心健胃。⑨肠康片等西药效果也较好。

（3）强心补液

①选用 5% 葡萄糖生理盐水 2～3 毫升，5% 碳酸氢钠 1～2 毫升进行补液，仔鼠剂量稍减。②在补液的基础上适当选用强心

药物洋地黄内服，剂量 0.1～0.3 毫克，每天早晚服一次。③10% 安钠咖 0.2～0.5 毫升静脉注射疗效显著。④10% 樟脑磺酸钠 0.1～0.4 毫升静脉注射。

（4）解毒

①用 10% 维生素 C 0.5 毫升肌内注射效果良好。②用 25% 葡萄糖或 5% 碳酸氢钠适量与 40% 乌洛托品 1～2 毫升混合，取 0.5 毫升混合液进行肌内注射，每天 1～2 次。③口服补液盐，其中氯化纳 1.2 克、氯化钾 0.5 克、碳酸氢钠 0.8 克、葡萄糖 10 克，加水 10 毫升，自饮或灌服。

五、便秘

便秘是由于肠的蠕动和分泌机能紊乱，使肠内容物积聚停带，造成肠管的完全或不完全阻塞，水分供求不够，肠内水分吱吸收，粪便干结、变硬，排便少或排便困难。是竹鼠常见的消化道疾病，各年龄段竹鼠都容易感染此病。

1. 病因

（1）饲养管理不善，粗饲料与精饲料搭配不合理。精饲料多，粗饲料少，特别是含水分的青粗饲料更少或长期喂干饲料（如喂干玉米粒，没有充足的水分，可诱发便秘）。

（2）饲料中混有杂质、异物如泥土，竹鼠误食杂物后肠弛缓、肠蠕动减弱，致使形成大量粪块而引发便秘。日粮中缺少氯化钠更容易出现便秘。

（3）环境突然改变，长途运输，运动量不足也容易引起便秘。

（4）一些与排便有关联但有疼痛感的疾病（如打架打伤肛门而引起肛门脓肿、肛瘘等），以及一些不能采取正常排便姿势的疾病（如产后盆腔炎等），也会引发便秘；还有一些热性疾病、传染病和寄生虫（如伪结核病、流感、蛲虫病），慢性肠卡他热、球虫病，也表现为腹泻与便秘交替发生，很难准确诊断；

肠内容物进入腹腔引起腹膜炎也会引起便秘，原因之多需要认真分辨。

2. 临床症状

竹鼠发生便秘首先表现为精神不振，食欲减少或拒食，肠音减弱或消失，口腔干燥，总想喝水，如此时给 10～20 毫升水一会儿可以喝完；同时表现为不爱活动，腹部膨胀，起卧不安、疼痛，有时爱作拉屎姿势，但又排不出粪或排出少量的坚硬的小粪球，但排粪次数明显减少，并附有黏液。后期不排便，时间一长肛门内堵有块粪，直肠黏膜水肿，用手触摸有坚硬的粪块呈串联样排列，拉出的粪便也呈串珠形，称之为"珍珠屎"，如果粪便块压迫膀胱则会发生尿闭，体温没有多大的变化。如果便秘时间长，竹鼠表现为瘦弱、虚脱，肠阻塞部位会发生坏死，有毒的分解物产生于肠内，一是进入腹腔内引起腹膜炎。二是发生抽搐而死亡。

3. 诊断

根据竹鼠患病后精神不振，排便少或无粪便排出，或肛门有粪堵，粪干硬或者粪便成串珠状等临床症状可以确诊。

4. 预防

（1）加强饲养管理，合理配制饲料，多添青绿多汁的食物，喂食要有一定规律，定时定量，防止过量贪食，特别是幼鼠，一定要保持充足的水分和全价营养饲料，保证喂食的食盆卫生、清洁。

（2）喂食的盆一定要每天清除，定期用高锰酸钾溶液消毒。

（3）栏舍内不能喂养过密，要有足够的运动场地。

（4）要在日粮中投放一定比例的食盐和各种矿物元素、动物性饲料。

（5）注意观察，及时治疗各类肠道传染病和寄生虫病。

5. 治疗

（1）竹鼠发病初期，多投喂些水质的食物，并用手经常触摸其腹部，以促进肠蠕动及压碎块状粪球，同时服用泻剂，增加肠腺分泌，软化粪便。疏通导泻用硫酸钠或硫酸镁以及人工盐等，硫酸钠（镁）按竹鼠大小分别为 1~1.5 毫克，仔鼠减半，灌服；人工盐适量加水灌服，或用石蜡油及肥皂水灌肠，以加速粪便的排泄。

（2）口服 10% 的鱼石脂溶液 1~5 毫克或 5% 的乳酸 2~4 毫升。

（3）口服食醋适量效果甚好。

（4）灌服三黄片等便秘药疗效明显。

（5）新斯的明 0.2~0.5 毫克或者 2% 毛果芸香碱 0.1~0.3 毫升肌内注射，疗效显著。

（6）10% 的安钠咖 0.3~0.5 毫升肌内注射，可以增强心脏活力。

（7）如果是传染病或者是寄生虫病引起的便秘，服用抗生素，如阿莫西林、氨苄西林、球虫粉、痢球灵、新诺明等有疗效。

（8）安乃近 0.3~0.5 毫升与青霉素混合肌内注射，可以抗菌、消炎、镇痛。

六、腹泻

腹泻又称"拉稀"，是竹鼠感染以下痢为主要症状的疾病，是多种疾病共有的症状。竹鼠各年龄均容易感染此病，但幼鼠及年龄大、虚弱的竹鼠更容易发生此病。临床上表现为粪便不成胶囊状，排出的粪便软，为糊状或水样粪便。本病一年四季均有发生，一般的养殖场都患有此病，并且以腹泻引起死亡的竹鼠占全场因各种原因死亡的竹鼠总数的 60% 以上，说明这个病普遍存在，但治疗上却有一定难度，难在治疗过程中没有确切地诊断。

1. 病因

竹鼠腹泻主要分为两大类，一是非感染性致病因素，另一种是感染性致病因素。

（1）非感染性因素 又称为普通腹泻，主要原因有环境改变，长途运输以及仔鼠断奶后全部喂给单一或营养低的食物，突然改变了肠道内生物平衡，生物菌群发生质变就会引起腹泻。平常对饲料管理不严，不定时定量投放，或者随意更改饲料种类，或投过多的精料使竹鼠贪食也会引起竹鼠肠道感染。栏舍卫生条件差，饲养的密度过大，寒冷潮湿，干硬食物多、水汁软质的饲料少，精料过多、粗纤维相对少，进而加重了大肠碳水化合物消化的负担，诱发细菌性腹泻。还有一种情况也会引起竹鼠腹泻，采食有露水的青粗饲料或者冬天打过霜冻的青粗饲料及发霉发酵或不易消化的粗饲料等也会出现腹泻。此外，由于夏、冬两季温度变化大也容易造成肠道蠕动增强或减弱，引起腹泻。

（2）感染性致病因素 是一种高度接触性肠道传染病，肠道细菌、霉菌、病毒和寄生虫，这些感染性致病因素（大肠杆菌，肠道梭菌，结核杆菌，轮状病毒，线虫病，球虫病），是在非感染性致病因素的诱发作用下发生的。优良种群的后代感染腹泻的概率不太大，野生竹鼠由于改变环境、改变饲料方式，所以比普通竹鼠感染的概率要大得多。

2. 临床症状

根据竹鼠患病的原因，胃肠黏膜损害的程度不同，竹鼠腹泻一般又分为非感染性腹泻和感染性腹泻。

（1）非感染性腹泻 竹鼠患病后，胃肠黏膜表层发生轻度的炎症，这种炎症排出的粪便分量大而多，并有未消化的粗饲料。急性的粪便呈糊状或水样，有臭味，病鼠腹部膨大，腹痛，精神差、不活动，粪便沾满肛门四周，但粪便中无血状。患鼠有异嗜（吃垫草、咬壁板）行为。

（2）感染性腹泻　主要是在非感染性腹泻的基础上直接感染过来的，非感染性腹泻发生后不及时给药，随着病情的加重而变成了感染性腹泻。胃肠黏膜发生深层次炎症而出现的腹泻，在本质上与非感染性腹泻是有区别的，一般外观而言，并不十分明显。粪便稀如水，常混有血液和胶冻样黏液，有恶臭味，毛色差或乱，竹鼠稍瘦，有明显的衰竭和脱水现象。结膜发红或发绀，呼吸急促，如果胃肠内未消化的食物发酵有可能产生毒素而引起自身中毒出现全身感染，药已无法控制，常常眼睁睁地看它虚脱死亡。感染性腹泻严重地威胁竹鼠养殖场健康发展，许多养殖户也因此失去信心。

3. 诊断

竹鼠腹泻诊断很容易，观察粪便、发现拉稀即可以确诊。

4. 预防

（1）加强饲养管理，注意通风，保持栏舍干燥，加强卫生消毒工作。

（2）合理搭配精饲料和青粗饲料的比例，每天日粮中除足够的精饲料外一定要给予120克左右的青粗饲料，若青粗饲料少、精饲料多，肠内发酵容易造成菌群失调，细菌增殖，产生毒素而引发腹泻。所以有的养殖场怕竹鼠患腹泻病，少喂饲料多喂竹子，竹鼠粪便总是又粗义大、光滑，用手一捻成粉，但由于缺少精料．生长速度缓慢，繁育时间推迟，没能获得良好的经济效益。同时一旦感染其他疾病，竹鼠抗病能力极低，因而也不是一个好办法。只有在喂精料的同时，饲喂适量的青粗饲料，保持肠道内正常的微生物菌群，才能保证肠道营养的正常吸收，降低肠道疾病的发生。

（3）定时定量喂食，不随便改变饲料的品种、饲喂的形式。

（4）定期用高锰酸钾溶液兑水喂竹鼠以清理肠胃，定期使用福尔马林和带碘的消毒液或一般碱性消毒剂对栏舍彻底消毒。

（5）定期将抗生素、磺胺脒、喹乙醇及抗寄生虫药拌入饲料中喂食，可有效防治和控制竹鼠腹泻。

5. 治疗

（1）非感染性腹泻的治疗

①非感染性腹泻的治疗简单一些，主要是及时调整饲料，调整胃肠功能，其方法是服用健胃剂。如乳酶生、土霉素、硫酸黏杆菌素、维及尼霉素、杜晶白霉素、龙胆酊、谷维素等。②有腹痛感的可采用巅茄复方合剂，腹胀者用胃复安、吗丁啉或口服次硝酸咪、鞣酸蛋白，严重的可在服药的同时服 25% 葡萄糖或补液盐；有继发感染者在服生理盐水中添加 5% 碳酸氢钠液。

（2）感染性腹泻的治疗　非感染性腹泻严重症病变导致感染性腹泻，在治疗上与非感染性腹泻治疗原则差不多，主要是在调理整肠的基础上，以杀菌消炎、收敛止泻、维护机体平衡为原则，并按感染的程度给予补药为主的治疗手段。①内服磺胺脒，成年鼠 1/2 粒，小竹鼠 1/3 或 1/4 粒，每天 2 次；磺胺嘧啶注射液 0.2 ~ 0.5 毫升，肌内注射。②新霉素、链霉素 4 万 ~ 10 万单位进行肌内注射，每天 2 次。③口服或肌内注射庆大霉素，口服时 5 万单位加水 2 毫升滴喂；注射用 0.2 ~ 0.5 毫升，每天 2 次。④口服或注射黄连素效果十分显著。⑤口服环丙沙星、氟哌酸胶囊以及鞣酸蛋白，严重腹泻口服药用炭、次硝酸铋等，治疗效果良好。⑥螺旋霉素注射液 0.3 ~ 0.5 毫升，肌内注射效果较好。⑦用穿心莲、黄连注射液，肌内注射 0.3 ~ 0.5 毫升，疗效较好。

七、腹部膨胀病（大肚病）

腹部膨胀病有两种形式，一种是胃内积食，又称胃扩张、胃膨气，是青年鼠、成年鼠的一种常见病；另一种是胃肠道膨气，是由于胃内被大量饲料充积，胃壁扩张，胃肠中的食物发酵、水解分化产生气体使腹部膨大而造成的一种消化道疾病，所以有人说是消化不良病。

1. 病因

主要是采食过多的植物性饲料或投喂霜冻过、被雨水刚淋过的青粗饲料所致；或者是投喂了发霉变质的食物而产生异常发酵；也有可能是突然改变饲料形式、喂料不定时造成贪食，或者因饥饿暴食诱发本病。除此之外，春、秋季节天气突变，早晚温差大，栏舍缺垫草受寒或者栏舍内过于潮湿，也可成为本病的诱因。

2. 临床症状

胃扩张主要是胃内容物滞于胃中发酵膨胀而产生大量气体，胃部逐渐膨大、口臭、舌苔增厚、黏膜潮红、发绀，患鼠一般体温正常，但时间稍长，则表现为龟缩一团，呼吸困难，有磨牙的症状，低声鸣叫，眼睑含泪，胃膨大。胃肠膨大是由于堆积于胃内的饲料发酵后产生大量的气体在结肠内，大小肠均有多量气体，腹部膨大，叩诊呈鼓音。如不及时治疗，3～5天后会因胃肠破裂或窒息而死亡，慢性的半个月也会死亡。

3. 诊断

根据腹部积气膨大，用手挤压感觉肚皮绷紧，用手敲有鼓音，结合剖检可以初步确诊；再观察口舌有恶臭及增厚、有便秘情形的是胃和小肠为主的病变；有排出的粪便干硬、水样或者粪便外表有层黏液则是大肠为主的病变。依据以上情况结合呼吸心跳加快、精神不振可以确诊。

4. 预防

加强饲养管理，合理调配好饲料，定时定量进行投喂，同时要保持栏舍清洁卫生，不喂发霉变质的食物，不喂霜冻过、被雨水淋过的带水的植物饲料。经常观察栏舍粪便的情况，发现传染病、热性病及胃肠道内寄生虫病应及时治疗，以防诱发此病。

5. 治疗

（1）发现竹鼠患上此病，应当停食，然后用 5～15 克硫酸镁或硫酸钠灌服，或者用植物油、石蜡油 5～10 毫升灌服，可以清肠止酵。

（2）蓖麻油、萝卜汁、食醋适量内服，效果很好。

（3）口服小苏打和三黄片 1/2 片，每天 2 次，效果显著。

（4）黄连素片 1/2 片口服，每天 2 次。

（5）口服肠胃消炎片、肠康片等适量，有特效。

（6）用庆大霉素、氨苄青霉素滴喂，能抗菌、消炎、止泻，疗效也很好。

（7）用乳酶生、胃蛋白酶 0.5～2 克，稀盐酸 0.5 毫升加温、开水口服，疗效理想。

（8）用酵母片或三黄片适量拌料投喂，收效良好。

（9）重症者，用新斯的明注射液 0.1～0.2 毫升进行肌内注射。

（10）穿刺放气（水），当腹围明显增大，可进行穿刺把气（水）排出体外。操作时先对手术的部位进行消毒，然后用注射器针头消毒后刺入腹部膨胀最明显的部位，缓慢将气（水）放出来，待腹围缩小后，为防止继续复发或感染细菌，可用鱼石脂 3 克，95% 酒精 5～10 毫升，加温开水 20 毫升以原针头注入腹部，清洗后让药液缓慢流出体外，再用 5% 酒精溶液 5 毫升与青霉素、链霉素各 10 万～15 万单位稀释后注入腹部，拔出针头擦拭消毒药即可。

八、中暑

竹鼠中暑主要发生在炎热的盛夏，或者在烈日下运输以及室内温度达到 36℃ 以上，且没有通风设备、又不采取降温、饲料中水分又不足时，而引发的急性的体温超高的一种疾病，是日射病和热射病的总称。引起脑和脑膜充血的急性病变，它导致中枢神经系统机能严重障碍，称之为日射病。炎热夏季运输竹鼠及在闷热无通风的环境中，新陈代谢旺盛、体内积热而引起竹鼠中枢神径系统功能紊乱称为热射病。竹鼠一般不直接饮水，但活动量大、出汗多，可能因缺水引起肌肉痉挛性收缩，又称之为热痉挛。以上因素导致竹鼠体温调节功能障碍的病理现象称之中暑。

1. 病因

竹鼠中暑的原因是运输过程中受日光照射或者栏舍内温度超过36℃以上，引起脑和脑膜充血，血管运动中枢以及呼吸中枢麻痹、热调节功能紊乱，使竹鼠自体功能散热不彻底。其次，在气温高、通风不良、栏舍内饲养的竹鼠数量多的情况下，不及时补充水分而引发中暑病。

2. 临床症状

突然鸣叫几声，四肢无力，全身痉挛，虚脱，瘫软，精神极度沉郁，然后共济失调，呼吸心跳特快，几分钟后呼吸减慢，眼睛无神，眼球突出，不及时抢救会马上死亡。可视黏膜发绀，鼻腔内流出血水。

3. 诊断

根据炎热的夏季，患病竹鼠的精神状态以及全身疲软、无力，目光呆滞，结合以往出现此症状死亡后剖检确诊的经验初步确诊。另外，把患鼠放在地上，用力对准它的头脸部吹一口气，有反应、痉挛一下即可诊断不是中暑，反之肯定是中暑无疑。

4. 预防

加强对竹鼠生长特点、生活习性的了解，做好炎热夏天的防暑降温工作，尽量避免在烈日下长途运输竹鼠，要运就得选用空调车，并保持通风和充足的湿度。准备饲养竹鼠时，一定要准备好冬天保温、夏天降温并且不潮湿的栏舍。夏天来临，当室温超过36℃时，栏舍内可用凉水泼湿地面或者放置冰块，并把门窗全部打开，有条件的一定要有抽排风设备，抽入新鲜空气，排出污浊的废气，保持栏舍内空气清新、流动良好。最好采用水帘降温，既降低温度又增加湿度，这种办法是目前竹鼠养殖夏天最好的降温方法。一个栏里尽量少放竹鼠，切记不要密度过大。三伏天最好煮点绿豆稀饭投喂，清凉解暑，或者在喂的食物中适当加入薄荷、仁丹等。

5. 治疗

（1）发现竹鼠有中暑现象时，应将患鼠转移到通风阴凉的地方，用深井水喷雾，喷至全身湿为宜，然后每隔几分钟喷一次，同时喂少许加盐的葡萄糖水，症状稍重的竹鼠可内服适量的十滴水。

（2）已经中暑的竹鼠应及时肌内注射安乃近 0.3～0.5 毫升，同时滴喂藿香正气水 5～8 滴，效果很好。

（3）轻症可口服仁丹 6～10 粒。

（4）强心利尿、纠正水盐代谢及中和体内酸碱平衡，用生理盐水或 5% 葡萄糖注射液 3～6 毫升静脉注射。

（5）重症时肌内注射硫酸阿托品及麻黄碱 0.3～0.5 毫升，同时用辣蓼叶捣烂取汁灌服，作用很好。

（6）体弱者可用 15% 安钠咖注射液 0.5～1 毫升肌内注射。

（7）防止肺部感染，可用 5 万～12 万单位青霉素与 0.3～0.5 毫升地塞米松磷酸钠注射液稀释进行肌内注射。

九、应激综合征

竹鼠应激综合征反应很明显，是遭受频繁的不良刺激而产生的一系列机能障碍和防御反应。

1. 病因

由捉拿、转群、运输、惊厥、高温等多种外部环境因子刺激而引起的全身非特异性反应，特别是野生竹鼠体内有应激综合征敏感基因，当受到外部强烈刺激时激活敏感基因出现临床症状，加上突然改变了饲料方式、环境、温度，以及赖以维持体内菌群的生化酶的比例失调，体内寄生虫繁殖都会加速应激反应。所以，当我们把捕捉的野生竹鼠拿回家进行驯养，难度相当大，一般成活率在三四成，养野生竹鼠失败多，原因在此。

2. 临床症状

患鼠体温突然升高，肌肉痉挛，呼吸急促，心力衰竭，观察可视膜可见发绀，局部肌肉变僵、变硬，心跳加快、兴奋，后期站立不稳，很快消瘦，有的眼睑有泪光，不食，2～3天死亡。

3. 诊断

根据肌肉痉挛、呼吸困难、体温间歇高热、消瘦等症状结合病史、是否野生竹鼠进行确诊。家养竹鼠运输才会出现这一症状，平时不会产生应激反应。

4. 预防

（1）一定要到正规驯养繁殖场引种，选育优良品种的后代作种，并进行科学饲养，及时淘汰应激反应敏感的种鼠。

（2）不要贪图便宜买野生竹鼠回来驯养。

（3）运输时尽量保持平稳。

（4）平常多喂些维生素A、维生素E、维生素C和微量元素硒，以提高抗应激能力。

5. 治疗

一般单独饲养，供给红薯、野芒草秆之类的食物可以减少野生竹鼠的应激反应，驯养竹鼠供给全价饲料。对患鼠肌内注射苯巴比妥0.5～1毫升，或用维生素C 0.5～0.7毫升进行肌内注射，效果较好。

十、外伤

竹鼠外伤是指在外力的作用下，体表组织的完整性受到破坏的一种损伤。

1. 病因

竹鼠外伤主要是相互打架造成的。在竹鼠配种季节，配种的公母鼠有可能相互咬斗；怀孕后的母鼠母性很强，会驱赶公鼠，如果不及时把公母鼠分开喂养，公母鼠均会被对方咬伤；从小不关在一起的到性成熟突然混群饲养，可能出现相互斗咬致伤；一个栏舍内饲养的竹鼠不宜密度过大，密度大很容易打架；争食时有的也会相互打架，把对方咬伤。

2. 临床症状

常在竹鼠的头部、颈部、嘴的四周及背部、脚部见到流血的伤口，有的小面积伤很快自然好转，但大面积创伤不容易好，有肿块、脓肿，最后破溃流出脓汁。

3. 病理变化

咬伤后若不及时治疗，会出现化脓性感染，有腐臭味，进而感染破伤风，引起脓毒败血症。

4. 诊断

根据外伤的临床症状可以做出诊断。

5. 预防

（1）配种时把公母鼠关在一起，一定要观察 20 分钟以后确定不打架时方可混合。

（2）一旦确定母鼠怀孕了马上将其隔出来放到一个安静的栏舍内待产。

（3）把留种的竹鼠从小混群饲养，并且每平方米不超过 5 ~ 6 只。

（4）投喂食物时要保证定时定量，每只竹鼠都能够吃饱，不争食。

6. 治疗

（1）轻伤用 2% ~ 5% 的碘酒涂擦即可痊愈。

（2）对较深度创伤可用安络血、维生素 K、氯化钙进行止血，然后用 70% 酒精反复消毒，最后在创面上撒上结晶磺胺粉。

（3）可用 0.1% 高锰酸钾或 3% 的过氧化氢溶液或 0.1% 新洁尔灭溶液清洗创面，见图 8 - 1，再涂大黄软膏、龙胆紫液或者万花油等。

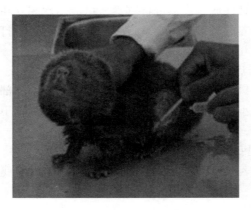

图 8 - 1　竹鼠外伤治疗

（4）对硬块、肿块涂消肿止痛精，并肌内注射青霉素 8 万 ~ 12 万单位杀菌消炎，如有痛感可注射安乃近 0.3 ~ 0.5 毫升。

（5）化脓创面为防止感染破伤风，对创面切开脓肿排除脓汁，用 10% 硫酸钠溶液或 10% 水杨酸钠溶液湿敷，然后放云南白药或结晶磺胺粉，再肌内注射 10 万 ~ 12 万单位青霉素，为防止深度感染，可以打一针破伤风疫苗。

十一、竹鼠中毒病

（一）黄曲霉素中毒

黄曲霉素中毒主要是竹鼠吃了被霉菌污染了的产生毒素的饲

料而引起的一种急性和慢性中毒性疾病。由黄曲霉、寄生曲霉、桔青霉等十几种霉菌毒素所产生的代谢物，主要对竹鼠肝脏有危害。它广泛存在于自然界，寄生于玉米、谷类、禾科植物、甘蔗、鱼粉、豆饼等植物或饲料中。

1. 病因

由于饲料保管不善或者大量贮存，在一定的温度、湿度中致使黄曲霉大量繁殖并产生毒素，如甘蔗长时间存放可见黄色的尘粉，煮熟的玉米搁置时间长，竹鼠就是吃了这些产生毒素的饲料而引起急性和慢性中毒。误食 0.2 ~ 0.4 毫克曲霉毒素可使成年竹鼠死亡。

2. 临床症状

竹鼠一旦吞食含有黄曲霉毒素的食物后，食欲明显减退，消化紊乱，有的产生便秘、腹泻，严重的粪便有一层口水膜或含血，竹鼠嘴角四周有湿痕，或者有少许流涎，感觉嘴巴周围不干净。

3. 诊断

根据栏舍内残留的有黄曲霉菌的食物，并观察竹鼠全身感染的情况及精神状况，结合剖检的经验可以确诊。

4. 预防

平时一定要加强管理，不喂长时间存放的食物，有发霉变质的玉米或大米饭千万不要投喂，对于栏舍内当日吃不完的食物一定要及时清理出来，防止霉变。

5. 治疗

（1）竹鼠确诊为黄曲霉毒素中毒时，首先检查所喂的食物，把有毒饲料去掉。

（2）静脉注射高渗葡萄糖和维生素 C，或者维生素 E、维生素 B_{12} 以及氯化胆碱。

（3）在饲料中添加活性炭和苯巴比妥进行非特异性治疗有

一定的作用。

（4）口服沙星类的药并肌内注射硫酸阿托品有一定的效果。

（二）土霉素中毒

土霉素中毒是竹鼠常见的一种中毒病。许多养殖场为防止有可能出现的肠道疾病，每个月都定期投喂一定量的土霉素，连喂几天，或者经常投喂，造成竹鼠以腹泻或排出有黏液性、水样稀粪为主要特征的中毒性疾病。

1. 病因

土霉素是一种用途很广的广谱抗生素，并且有促生长的作用，一般可作饲料营养添加剂，药用主要用于预防和治疗竹鼠胃肠道细菌感染。由于剂量过大，或长期滥用反而使胃肠道内有益菌群遭受破坏、菌群失调，使竹鼠出现中毒症状。

2. 临床症状

竹鼠发生中毒时，表现精神不振，食欲下降，全身感染，被毛松乱，有的爱磨牙或咬栏壁板，时间稍长就会发生腹泻，排出黏液性、水样粪便，在肛门周围有明显尿样，鼠体稍瘦，可视黏膜苍白，四肢也泛白、乏力。

3. 诊断

发生临床症状后，注意与其他有腹泻的病症相区别，观察可视黏膜及四肢，根据服用土霉素的剂量情况结合病理变化可以确诊。

4. 预防

最好不使用土霉素，通过加强营养以提高机体免疫力，或进行多种食物疗法，平时多喂开胃助消化的中草药植物，一定要用土霉素时尽量小剂量，而且连续使用不能超过 3 天。

5. 治疗

（1）用 0.4 毫升维生素 C 和 10% 葡萄糖溶液 0.5~1 毫升肌内注射。

（2）灌服适量的碳酸氢钠溶液。

（3）胆碱、维生素 K、复合维生素 B 溶液对治疗和迅速恢复有一定的疗效。

（三）赤霉菌毒素中毒

赤霉菌和黄曲霉菌相似，广泛地存在于自然界，特别是在麦麸、玉米、稻谷及红薯等谷物之中，它们在一定的温、湿度中极易产生赤霉菌毒素和具有雌激素作用的赤霉烯酮。

1. 病因

当竹鼠的饲料保管不当或放置在潮湿的地方，在一定的条件下赤霉菌迅速繁殖并产生毒素，此时让竹鼠食用就容易中毒。

2. 临床症状

竹鼠中毒后逐渐消瘦贫血，口腔黏膜青紫，但体温没多大变化，粪便有黏液，严重时有腹泻，食欲减退。

3. 诊断

区别其他腹泻的疾病，根据饲喂发霉饲料的情况，结合临床症状以及病理变化可以初步确诊。

4. 预防

喂食前认真检查竹鼠的饲料有没有质量问题。有污染、霉变的饲料禁止使用，饲料要放在通风、干燥的地方，防止赤霉菌毒素滋长。

5. 治疗

（1）与黄曲霉素中毒病的治疗相似，用 0.5 毫升维生素 C_2 与 5% 的葡萄糖注射液 1~3 毫升进行静脉注射；

（2）硫酸阿托品 0.2~0.5 毫升肌内注射效果良好。

十二、竹鼠寄生虫病

（一）球虫病

竹鼠最常见的寄生虫病就是竹鼠球虫病。竹鼠球虫是单细胞原生动物孢子虫，在动物分类学上属原生动物，球虫目，艾美球虫科，艾美尔属，共有 14 个种类的艾美尔球虫，其中 13 个种类都寄生在肠黏膜上皮细胞内，剩下一种寄生于肝脏胆管上皮细胞内，是球虫中致病力最强的一种原虫，它能引起严重的肝球虫病，治疗上的难度极大，其他均表现为以出血性肠炎为特征的症状。

1. 病因

竹鼠在吃食物特别是青粗植物时很容易把艾美尔球虫的虫卵孢子吞入体内，这些卵孢进入肠道后，在胰酶和胆汁的作用下，迅速地钻进上皮细胞内，进行滋生繁殖，最后发育成为球形的裂殖体，也就是球虫，这些裂殖体内含有许多裂殖子，再滋生繁殖，从而大量破坏上皮细胞，使竹鼠发生严重的肠炎和肝病。

2. 症状

竹鼠患球虫病（一般潜伏期 4～5 天），一旦呈急性状是没有时间治疗的，普通型一般表现为顽固拉稀，肛门周围被粪便污染，有的人会误以为是一般腹泻病，怎么治疗都不见效果。其次，球虫活动于肝脏胆管上皮细胞内，引起肝病，常见可视黏膜黄染，神经功能出现障碍，排出灰色或黄色水样粪便，并混有大量黏液，有时腹泻跟便秘交替，病情 4～6 天，多因脱水而死亡。另外，球虫病往往有混合表现形式，病鼠精神沉郁，食欲减退，腹泻，粪便中带有血污，腹部膨大，唾液和眼、鼻分泌物增多，被毛凌乱，贫血、消瘦、发育不良，后期终因神经症状无法治疗而死亡。剖检可以发现肠壁血管充血、出血，肠黏膜坏死、脱落，肠腔内充满气体和糊状或水样液容物，肝脏肿大，肝表面及肝实质有许多沿肝胆小管分布的白色或淡黄色的小结节，时间稍长形成肝硬化。

3. 治疗

（1）首先区分球虫病与其他性质引起的腹泻病，确诊球虫病，成年鼠用氨丙啉口服 10 ~ 15 毫克，连服 3 天。

（2）氯丙胍 0.02% 的浓度与饲料拌匀后喂食。

（3）磺胺喹恶啉每 10 千克饲料加入 10 克饲喂，连喂一周。

（4）磺胺二甲基嘧啶，按每只成年鼠 0.3 克服用，连用 3 天，仔鼠稍减。

（5）二硝苯酰胺（痢球灵）与适量的磷酸钙混合研末，拌料喂食。

（6）莫能霉素、二甲氧苄氨嘧啶、球虫灵等抗球虫药均可以用于本病的治疗和预防。

（二）肝毛细线虫病

肝毛细线虫病是鼠类和啮齿动物最常见的寄生虫病。

1. 病因

竹鼠通过吞食有虫卵感染的粪便而诱发本病，一般无明显症状，只表现为消瘦，食欲减退，精神沉郁，死后剖检才发现肝脏肿大，并有黄色条纹或斑点状结节，这些结节周围有坏死灶。

2. 症状与诊断

本病很难诊断，死前一般都不知道如何确诊，任由其消瘦，怀疑消化不良、营养不良、慢性炎症，经多症状治疗最后才确诊肝毛细线虫病。

3. 治疗

（1）勤打扫栏舍卫生，定期用两种以上消毒液消毒，发现本病取甲苯咪唑少许兑冷开水灌服，一天 1 ~ 2 次，连用 4 天。

（2）驱虫净（四咪唑）按成年竹鼠口服 0.3 ~ 0.5 克，一天 2 次，连用 4 天。

（3）左咪唑按成年鼠 10 ~ 15 毫克喂服。另外，丙硫苯咪唑、噻苯咪唑、阿维菌素、盐酸左旋咪唑等驱虫药都有很好的疗效。

（三）双腔吸虫病

双腔吸虫病是由矛形双腔吸虫和中华双腔吸虫寄生于终末宿主胆管和胆囊内引起的一种人畜共患吸虫病。

1. 病因

双腔吸虫病主要是竹鼠吃了可能含有囊蚴或蚂蚁爬过感染的植物，虫体进入胆管和胆囊内经一定的周期繁殖成长，从而使竹鼠逐渐消瘦，贫血，下痢，可视黏膜黄染，严重的出现死亡。

2. 诊断

用 200 目的纱网将疑似本病的患鼠的粪便用水洗沉淀法检查粪便中的虫卵，可以发现虫卵呈褐色，近卵圆形，一端有卵盖，卵内含毛蚴。检查栏舍周围是否有蚂蚁出入，观察竹子有无蚁穴，蚂蚁很喜欢在竹子上钻孔做窝。剖检可以看见肝胆管发炎，管壁增厚，肝肿大，胆囊肿大，如将肝脏放入清水中反复擦拭或撕碎可以发现虫体，综合这些症状可以确诊为双腔吸虫病。

3. 治疗

（1）定期给竹鼠服用预防性驱虫药，每天把栏舍粪便及时清除，春秋两季用六氯对二甲苯驱虫。

（2）成年鼠口服吡喹酮 10~15 毫克。

（3）硝硫氰胺 1~2 毫克口服，或丙酸哌嗪 1~2 毫克口服。

（4）用丙硫咪唑、苯硫咪唑、左旋咪唑等也有很好的效果。

（四）竹鼠疥螨虫病

竹鼠疥螨虫病是由疥螨、痒螨、蠕形螨寄生于竹鼠体表面而引起的一种慢性接触传染性寄生虫病，这种病可以使皮肤发炎、剧痒、脱毛，如不及时治疗会造成竹鼠死亡。

1. 病因

本病的罪魁祸首是疥螨，虫体很小，肉眼勉强看得见，虫体淡黄色呈圆形，背隆起，腹面扁平。其发育全过程都在动物体上完成，分虫卵、幼虫、若虫、成虫四个阶段，属于永久性寄生虫。秋末及冬季、初春，阴雨潮湿、空气不流通以及寒冷容易感染，为疥螨病多发季节，夏季很少发生。

2. 症状

竹鼠染病后于头部、嘴唇四周、鼻端和背部深度感染，初发病时，患部皮肤充血，稍肿胀，局部有脱毛现象，剧痒。竹鼠用脚爪用力搔挠而抓破表皮，因而产生炎症，时间稍长患部形成结节而连成痂，患部变白色带血点坚硬胶样痂皮、血痂，见图8-2，若全身感染很快死亡。痒螨寄生于皮肤表面，和疥螨一样，只是患部形成淡黄色痂皮。蠕形螨则寄生于毛囊和皮脂腺内，主要形成小指或绿豆样疥疖，内含粉状物或脓状液或虫体，容易诊断为葡萄球菌感染，有鳞屑状痂皮。

图8-2　竹鼠螨虫

3. 治疗

（1）搞好环境卫生，保持栏舍干燥、通风良好，饲养密度不要过于拥挤，栏舍内要定期用杀螨药物处理，对新引进的种鼠要隔离饲养，确定没有本病时再合群。

（2）用2%的敌百虫溶液搽洗病鼠患部，尽可能除去患部污垢和痂皮，5～10 天为一个疗程。

（3）用 20% 的杀虫菊酯 0.1% 局部涂擦，5～10 天为一个疗程。

（4）用伊维菌素、二甲丙烯酸溶液、辛硫磷乳油剂等，根据发病的情况采用交叉药物治疗，效果很好。

（五）鼠虱病

1. 病因

鼠虱病是竹鼠的一种常见外寄生虫病。寄生竹鼠的虱类主要为大梳头虱，是一种无翅的吸血昆虫。虱在竹鼠的毛丛中和窝巢垫草内产卵和发育，卵光滑易落入池缝中或地面上，发育成幼虫后，再爬到竹鼠身上营寄生生活。

2. 症状

在竹鼠的腋下、大腿内侧较多见。由于虱的叮咬、吸血，病竹鼠出现瘙痒、不安，食欲减退，营养不良和消瘦。有时皮肤出现小点结节，小出血点，甚至坏死。痒感剧烈时还会寻找各种物体进行摩擦，造成皮肤损伤，可继发细菌感染和伤口蛆症等，甚至引起化脓性皮肤炎、皮毛脱落、消瘦、发育不良等。

3. 治疗

可用 0.5%～1% 敌百虫溶液进行药浴。或用 0.5% 蝇毒磷药粉装在纱布袋内往竹鼠全身毛丛中撒布，1 周后重复用药一次，可控制鼠虱病。

4. 预防

经常性保持舍内卫生，每天的粪便、残食、多余垫草应清除。并间断式用 0.5%～1% 敌百虫喷洒地面和竹鼠身上。

十三、竹鼠产科病

（一）不孕症

竹鼠从出生到断奶需要 30～40 天时间，断奶后后续营养良好的 4 个月达到性成熟就可以配种繁殖，经过 48~56 天怀孕期（平均 52 天）即可生产，营养差的 5~7 个月发情交配，如果还没有反应就应该检查是否患不孕症。

竹鼠不孕症一般是指种公母鼠因生殖机能障碍而出现暂时性或永久性失去繁殖能力的疾病。母鼠中不孕率可达到 10%，夏季炎热期间可以达到 40% 左右，因此降低母鼠空怀率和增强繁殖能力是竹鼠养殖中最关键的问题。

1. 病因

（1）品种选择很重要，经长时间选种留下的优良种鼠的后代发情很有规律，因而受孕率高，而野生竹鼠初情期较长。经选育后的种鼠一般一年可产 3~4 胎，野生竹鼠一般 2 胎，每年 2~5 月产仔一次，9~10 月产一次，平常产仔极少。

（2）先天性不育，生殖器官畸形，母鼠阴道口狭窄，体形肥胖；公鼠睾丸隐入腹腔或精子浓度达不到，成活率低。另外近亲公母鼠一般很少交配，即使交配受孕的概率也相当小。

（3）营养、环境因素，竹鼠喂得好坏跟繁育关系很大，饲料单一、品质差，缺少矿物质、维生素、微量元素使生殖机能减弱或受到破坏，也容易引起不孕；夏季炎热高温季节，不采取降温措施乏情率高；单独圈养的母鼠没有群养配种率高，另外持久黄体也会导致母鼠不发情。

（4）生殖器官感染，母鼠患有子宫炎、阴道炎、卵巢囊肿时直接导致母鼠不孕，另外老龄竹鼠生殖机能减退，不孕属正常，应当淘汰。

2. 诊断

倒提公鼠若见睾丸不显露，遇发情母鼠不爬跨、躲母鼠；母鼠在性成熟后或产后一段时间内不发情，或者发情不正常、假发情，或者发情屡配不上，即可诊断为不孕症。

3. 治疗

（1）对先天性不孕、年龄大、过于肥胖，屡配不上以及患有生殖器官疾病的母鼠坚决淘汰掉。

（2）多喂些营养丰富且含各种维生素、矿物元素的全价饲料，在发情期采用二公三母进行复式交配，并着重控制母鼠的体重。

（3）对不发情的母鼠用催情药物拌料饲喂，也可以用促卵泡素（FSH）进行肌内注射，一天一次，一次用 0.2~0.5 毫克，可连续用 3 天；也可以用前列腺素（PGF_{2a}）0.3~0.6 毫升进行肌内注射，对持久黄体可肌内注射 0.5~1 毫升促黄体素（LH）。

（二）流产

流产是指母鼠怀孕后未到预产期就产出胎儿，胎儿根本不能成活或者死胎。初产母鼠及母性差的竹鼠流产后再配种很容易再流产，也可能屡配不上或者由此导致不育。

1. 病因

（1）竹鼠在长途运输时颠簸太大，运动量增大，或捉拿倒提、冷风侵袭、酷暑高温等很容易流产。

（2）缺乏营养丰富的维生素、矿物元素等全价食物；缺少水分也容易流产，怀孕母鼠吃了发霉变质的食物容易产生霉菌毒素，刺激子宫收缩而引起流产。

（3）母鼠怀孕后感染疾病，或者服用驱虫药、泻药以及传染病药物都容易流产。

2. 诊断

怀孕初期流产为隐性，即胎儿在体内已被吸收，不排出体外，一般很难观察。大多数在怀孕一个多月流产，少数在临产前几天生产，但也不能成活；另外从母鼠阴道流出血污，有脓性液体，有腐臭味，根据这些症状可以确诊。

3. 治疗

（1）怀孕母鼠最好不要长途运输，若发现流产先兆，可肌内注射黄体酮进行保胎，5～15毫克，连用3天，同时肌内注射维生素E。

（2）如胎儿已流出应立即注射脑垂体后叶素0.1～0.3毫升，促使胎儿全部排出，防止胎儿滞留体内而引起母鼠败血症。

（3）已流产的母鼠应用0.1%高锰酸钾溶液冲洗阴道，同时服用磺胺类及抗生素类药物。

（三）难产

母鼠产仔时一般1～2个小时全部产出为顺产，胎儿不能正常排出，分娩受阻或流血过多称为难产。若不及时抢救，不仅可以引起母鼠生殖器官疾病，甚至可以导致母鼠死亡。

1. 病因

子宫收缩力弱是引起母鼠难产的最常见的原因，另外由于饲料搭配不当，母鼠营养不良、运动量不足及过度肥胖或者受外界干扰都可能造成分娩时子宫收缩无力引起难产。其次，母鼠子宫畸形、产道狭窄或变异、胎位不正、胎儿过大、胎向反常、胎儿畸形等都有可能引起难产。

2. 诊断

正确推算预产期，临产注意观察，发现母鼠反复起卧、徘徊、狂躁不安、阴部充血、频频努责，但产不出仔，或者产仔后非常疲惫、无力、不顾仔，或者流血很多，根据以上的情形可以诊断。

3. 治疗

控制初情期母鼠怀孕，最好选择在7月龄后怀孕。分娩前后要保持环境安静，一旦发现难产，马上用0.3～0.5毫升催产素注射液进行肌内注射，以增强子宫收缩力加快胎儿产出。产完仔后用酒精或0.1%新洁尔灭溶液对阴道消毒，同时肌内注射抗生素 2~3 天。

（四）产褥热

母鼠产后局部炎症感染扩散并发生全身感染的疾病称为产褥热症。

1. 病因

主要是母鼠分娩时产道受到损伤，局部发生炎症，大量病原菌如大肠杆菌、金葡萄球菌、溶血性链球菌、坏死性杆菌等感染而诱发本病。

2. 症状

母鼠产后体温偏高，精神疲惫、沉郁、无力，不活动、不带仔，心跳加快，呼吸困难，少食或不食，泌乳减少或停止泌乳，仔鼠也因母鼠无乳 3~4 天后死亡。

3. 治疗

（1）加强竹鼠饲料的合理搭配，给怀孕的母鼠喂营养丰富的食物，提高母鼠的抗病能力，临产前对栏舍进行消毒。

（2）肌内注射青霉素或链霉素 8 万~12 万单位，一天 2 次，连用 2~3 天，同时注射 10% 安钠咖 0.5~1 毫升；全身感染的静脉注射 10% 葡萄糖 2~3 毫升；发现子宫有炎症时，可以肌内注射垂体后叶素 0.3~0.7 毫升，促进子宫内炎性分泌物排出。

（五）子宫大出血

1. 病因

母鼠产仔时由于绒毛膜或者子宫壁的血管破裂而引发子宫出血，主要是胎儿生长过大或者畸形、早产，另外分娩时间过长，子宫肿瘤均有可能发生子宫出血。

2. 症状

母鼠表现腹痛不安，阴道内流出褐色血块，严重时出现大量流血，不及时抢救会导致母鼠死亡。

3. 治疗

主要以止血消炎为主，发现从阴道流血后可以马上肌内注射0.1%肾上腺素0.05毫升或者维生素K以及其他止血药，同时注射催产素，增加子宫收缩把胎儿产出来，产出后注射垂体后叶素0.5毫升，也可以注射麦角新碱注射液0.5毫升或者口服麦角精1/5片。

（六）子宫内膜炎

竹鼠子宫内膜炎主要指子宫黏膜的黏液性或化脓性炎症，常引起母鼠发情不正常，不容易受孕，严重的可使精子和胚胎死亡或者发生流产。本病多发于胎衣不下、子宫脱出、产道损伤。

1. 病因

由大肠杆菌、棒状杆菌、变形杆菌、绿脓杆菌、葡萄球菌、链球菌等细菌性感染引起。在配种、分娩、难产、流产时受损伤而感染细菌可以引起子宫内膜炎，某些怀孕母鼠患有寄生虫病、传染性病也可以继发此病。

2. 症状

母鼠感染子宫内膜炎一般在产后，全身症状明显，患鼠精神不振，活动少，食欲减退，频频作拉尿动作但无尿，从阴门中排出很多黄白色或红灰色黏液性或脓性分泌物，有难闻的臭味，严重的呈棕红色黏液。慢性子宫内膜炎多由急性炎症经过治疗，但还没有完全恢复，却误以为康复了而不再采取治疗措施转变而来的，常无明显全身症状，虽然也定期发情，但总是怀不上。

3. 治疗

（1）清除积留在子宫内的炎性分泌物，应选择1%的生理盐水或0.02%新洁尔灭溶液或0.1%高锰酸钾溶液或2%碳酸氢钠溶液冲洗子宫，冲洗后注入青霉素、金霉素或者青霉素与链霉素合剂等抗生素类药物。

（2）使用催产素等子宫收缩剂，便于子宫内炎性分泌物排出。

（3）全身治疗可使用抗生素或磺胺类药物，配合退热药物效果很好。

（七）乳房炎

竹鼠患乳房炎主要是受到微生物的刺激引起的一个或几个乳腺发生炎性变化红肿，母鼠表现为乳房疼痛、肿胀，严重的可以导致不育不孕，是竹鼠常见的普通疾病。

1. 病因

引起乳房炎的原因很多，常常由几个因素作用而致病，最主要是因为环境卫生条件差，尤其是在潮湿、肮脏、有腐臭有机物的栏舍内容易发生本病；其次是母鼠乳汁少无法满足仔鼠正常吸取而被仔鼠咬伤感染细菌；另外是满月将仔鼠隔奶时，一次性将多个仔鼠突然隔出而引起乳房肿胀，乳头管扩张病菌侵入引起发炎；还有一种情况是母鼠因病原菌如金黄色葡萄球菌、大肠杆菌、链球菌、坏死杆菌、棒状杆菌、绿脓杆菌以及结核菌等入侵而引起。

2. 症状

竹鼠乳房炎是哺乳母鼠常见病，仅限于几个乳腺，发病时肿大、潮红、发热，乳根周围有硬块，有的有溃疡性脓肿，腹腔黏膜发红。

3. 治疗

（1）患病初期用5%硫酸镁溶液擦洗，或者用2%的硼酸水洗患处，也可以用0.1%高锰酸钾溶液或3%过氧化氢溶液擦洗患处。

（2）每天按摩乳房硬块，然后用鱼石脂每天擦1~2次，对于脓肿，先排脓再用消毒剂清洗，然后涂青霉素软膏或链霉素、金霉素软膏。

（3）应用抗生素进行治疗，口服青霉素或磺胺类、沙星类药物，并肌内注射青霉素 8 万 ~ 12 万单位和 0.5% 普鲁卡因 0.5 ~ 1 毫升，一天 2 次，连用 2 ~ 3 天。

（八）母鼠产后少乳和缺乳

母鼠产后少乳和缺乳是母鼠常见病之一，一般多发于初产母鼠及老龄母鼠分娩后，表现为哺乳期内乳汁量减少或者没有乳汁。

1. 病因

（1）乳腺生长发育不良、内分泌紊乱，在怀孕期间营养不良，或者喂含蛋白质高的饲料使母鼠分娩后乳汁过稠，堵塞乳腺泡而导致缺乳，这种情况多发生于初产母鼠。

（2）母鼠年龄偏大，乳腺萎缩引起缺乳。

（3）分娩前喂蛋白质、维生素 E 和硒缺乏及日粮中饲喂高能量的食物引起缺乳。

（4）栏舍内温度过高、潮湿引发本病，

（5）母鼠患便秘、发热性传染病、生殖系统疾病、寄生虫病、乳房疾病、应激反应以及其他慢性消耗性疾病，都可能引起少乳和缺乳。

2. 症状

母鼠少乳和缺乳主要发生于产后 3 ~ 7 天，以夏季最为明显，气温高，竹鼠又没有饮水的习惯，因此乳汁过稠，仔鼠吸入过浓的乳汁，没有水来调和身体以致缺水。有的母鼠刚产仔时有奶，但由于产后感染细菌，两三天又停止了。或者患上乳房炎，乳汁少并且带有病菌，仔鼠吃不饱，或吃带有病菌的乳汁，仔鼠因消瘦、发育不良，营养衰竭而死亡，或者拉黄白痢，20 多天后死亡。母鼠也因饮水少而出现胃肠道疾病，粪便干硬，精神不振，体温升高，触诊乳腺可发现有一个或多个乳腺变硬、红肿。

3. 治疗

（1）发现少乳和缺乳后立即对患病母鼠肌内注射催产素注

射液0.3~0.5毫升，一天2次，连用2天。

（2）口服人用催乳灵0.5片，一天一次，连用3天。

（3）激素治疗，取垂体后叶素0.3~0.7毫升进行肌内注射。一天2次，连用2~3天。

（4）用苯甲酸雌二醇0.2~0.5毫升肌内注射，一天2次，连用2~3天。

（5）用中药制剂，王不留行、通草、穿山甲鳞片、白术、白芍、山楂、陈皮、党参、红花等适量水煎灌服，一天2次，连服5天，效果很好。

（6）王不留行、通草、猪脚适量水煮，去油脂后取液喂母鼠补奶、催奶效果更好。

（九）母鼠吞食仔鼠症

母鼠吞食仔鼠是一种新陈代谢紊乱和营养缺乏的综合性疾病，表现为一种病态的食仔恶癖。

1. 病因

竹鼠母鼠在分娩后吃仔鼠的原因很多，也比较复杂，一般来说有以下几个主要原因：①母鼠性成熟即配种，且母鼠初产仔的数目较多，第一胎生产产道受损比较严重，如果得不到有效的治疗，初产母鼠容易吃仔。②初产母鼠母性不强，如遇外部刺激如陌生人（观看，环境不够安静即容易吃仔。③缺少水分。母鼠产仔后会感到口渴，如果此时得不到水分的补充，在用舌头舔仔鼠表皮血污时舔破幼嫩的皮肤后，很容易发生吃仔癖而把整窝仔鼠一个个吃掉。④母鼠分娩时边产仔也边咬脐带，边吃胞衣，如果产出的仔鼠蠕动不强烈，母鼠会以为是胞衣而误食仔鼠，也就容易把全部仔鼠吃掉。⑤竹鼠属弱视动物，临近产仔才把它放入其他栏舍，如果栏舍没有打扫、消毒，残存有其他异味，母鼠会以为仔鼠不是自己生的，也会把它们吃掉。⑥公母鼠群喂不及时隔开，母鼠产仔，这种情形下的仔鼠很难存活下来，纵然把母鼠、仔鼠隔开来，母鼠被倒提捉拿受到剧烈的惊扰，代谢紊乱，奶管堵塞、缺乳，仔鼠因饥饿争抢乳头造成母鼠吃仔。⑦母鼠患乳房炎，乳根有硬块及红肿，有疼痛感，此时仔鼠又去吸奶，母鼠会感到疼痛难忍而把仔鼠吃掉。⑧母鼠产仔后投喂大量营养蛋白质高的食物和青粗植物，但母鼠只吃精料而把粗食贮存起来。由于缺少必要的纤维素无法满足仔鼠生长的需要导致死亡，有的母鼠见仔鼠奄奄一息、无法生存或者刚死就把它吃掉而被人们误为吃仔。⑨缺少营养，缺少维生素、矿物元素、动物性饲料，也是造成母鼠吃仔的重要原因。

2. 症状

据观察，母鼠最主要吞食刚生下来的仔鼠或产后 3 ~ 7 天的仔鼠；有时会将全部仔鼠吃掉，有时只吃 1 ~ 2 只；有的只将仔鼠的脚、耳、尾巴咬去或把头咬去；20 多天的仔鼠往往从尾部吃起，再吃身体，留下头部不吃。

3. 治疗

母鼠怀孕后应当给予足够的维生素、矿物元素及动物性饲料，保证竹鼠母子生长发育所需的营养，及时把怀孕的公母鼠隔栏，把待产的母鼠放到干净、卫生、通风良好、相对安静的地方。临产前多喂水汁多的食物，产后及时补液，预防产仔口渴，谢绝参观尽量不惊动鼠池，也不要让其他小动物靠近以防受惊吓。对初产的母鼠一定要格外小心，产仔前后一个星期不要清理卫生，更严禁陌生人靠近。对于母性不强、产仔 2 窝以上仍有吞食仔鼠现象的母鼠应予以淘汰掉。

（十）母鼠产后不食

1. 病因

母鼠产后不食的原因很多，但主要是由于分娩导致体内分泌紊乱而引起食欲上的变化。

2. 症状

母鼠在产仔后无论体温、精神以及粪便都很正常，就是不肯吃食，即使吃也仅吃一点点，食量不大，产后 3 ~ 4 天泌乳还正常，但过后泌乳量逐渐减少或无乳，仔鼠饥饿，3 ~ 5 只仔鼠只能存活 1 ~ 2 只，其他均死亡。

3. 治疗

母鼠产仔的时候要喂抗生素消炎杀菌，同时增补营养液；其次可选用氢化可的松 1 ~ 3 毫克与 40% 乌洛托品 0.2 ~ 0.5 毫升混合后进行肌内注射，一天 2 次，连用 3 天，效果很好。

（十一）公鼠阴囊炎和睾丸炎

1. 病因

公鼠阴囊炎、睾丸炎大都是因打架引起的咬伤、撞伤，或者传染病引起的。

2. 诊断

睾丸局部红肿，或者外伤性脓肿，疼痛，食欲减退，不愿意活动。

3. 治疗

加强管理，对不是从小一起圈养的两只以上的公鼠最好不要关在一起，避免打架咬伤，并搞好卫生防疫，防止传染病的发生，对外伤性阴囊炎、睾丸炎进行消毒处理然后涂上青霉素、四环素软膏，或者鱼石脂软膏，严重的可肌内注射抗生素类药物。公鼠发生阴囊炎和睾丸炎一般很难治疗，只有作为商品鼠处理掉。

十四、竹鼠内科病的防治

（一）钙缺乏症

钙参与机体物质代谢，参与组织中维持渗透压的作用，缺钙是竹鼠常见营养代谢病之一。家庭饲养竹鼠的青粗饲料如根茎类植物，富含草酸，但钙含量很少，因而造成日粮中大量缺钙。钙缺乏症是饲料中大量缺钙或者钙磷比例失调以及维生素 D 不足等引起的以骨骼方面、运动障碍方面为特征的一种疾病。

1. 病因

维生素 D 不足是钙缺乏的诱因，因为它具有促进钙吸收的作用；肝病以及胃肠道疾病、寄生虫病、甲状腺功能亢进也会直接影响钙的吸收；仔鼠断奶后营养达不到乳汁的营养而造成钙的缺乏；在日粮中蛋白质和脂肪饲料过多，在代谢过程中形成大量酸类，与钙形成不溶性钙盐排出体外而引起竹鼠缺钙；高磷低钙，过多的磷与钙结合会影响钙的吸收；竹鼠栏舍内潮湿、栏舍小、运动量少也容易诱发本病。

2. 临床症状

竹鼠先天性缺钙主要表现为颜面骨肿大、硬腭突出、骨骼软化、体质虚弱，有的眼睛晶状体混浊，但这种情况十分少见。患鼠食欲减退，被毛零乱，生长发育不良，异嗜、啃咬栏壁，有的表现不愿行动、走路困难、喜卧、严重的走路跛行，后脚不能站立。怀孕母鼠分娩前缺钙，产时因髋关节变形出现难产，产出来的仔鼠死亡率高，所以有的养殖户抱怨仔鼠快隔奶时不见拉稀，不患黄白痢，营养不缺，水分也不缺，但却无缘无故地死掉，这其实就是母鼠缺钙引发的结果。患鼠消瘦，行动不方便；幼鼠伛身，屁股尖，四肢无力，骨软，成年鼠掉牙或牙齿残缺。一般的竹鼠养殖都有这种症状。

3. 诊断

根据临床症状结合病理变化，可以初步确诊。对血清钙含量进行测定，正常竹鼠血清钙为每 100 毫升含 20 毫克，含量低即缺钙。

4. 预防

（1）在饲料中补充钙质，同时保证维生素 D 的含量。

（2）怀孕临产的母鼠要加强饲养管理，多给一些豆科类、糠麸类以及多汁的食物。添加鱼肝油或经紫外线照射过的干酵母。

（3）仔鼠及怀孕的母鼠患寄生虫病、肝、肾、肠等病时要及时治疗。

（4）在春秋两季要保持温暖、干燥、清洁、通风。

5. 治疗

（1）用 10% 葡萄糖酸钙 0.4～0.8 毫升静脉注射．每天 2 次。

（2）用维生素 D_2 或维生素 D_3 注射液 0.3～0.7 毫升，肌内注射，1 天 1 次。

（3）口服碳酸钙或营养钙片，在饲料中增加骨粉、贝壳粉、鱼粉、甘油酸钙等。

（4）用维丁胶钙 0.5 毫升肌内注射，每天 1 次。

（二）磷缺乏症

本症主要是由于饲料中长期缺磷，或钙、磷比例失调而引起的一种疾病，一般称缺钙、磷综合征。磷的代谢作用与钙的作用紧密相结合，是构成牙齿骨骼的重要物质。磷是磷脂的组成部分，直接参与细胞膜修复功能，是磷酸腺苷的重要组成物质；是核糖核酸和脱氧核酸的组成部分，在体液中构成磷酸盐缓冲作用，对酸碱平衡的调节起着重要作用，是蛋白质和酶合成的重要物质，调节生命全过程，因此磷是竹鼠生长发育不可缺少的矿物质。

1. 病因

在平常的喂养中，高钙低磷，过多的钙与磷结合形成不溶性的磷酸盐而影响磷的吸收，造成缺磷。病因与缺钙基本相同。

2. 临床症状

竹鼠患磷缺乏症与钙缺乏症症状基本相同，且同时出现，常表现为佝偻状、骨质软；由于缺磷和钙，竹鼠消化功能紊乱、咬栏壁。缺磷初期表现为食欲减退进而拒食，精神沉郁，活动很少；有的表现为不安，四肢痉挛、站立不稳，严重的后脚不能站立，如不及时给药，血清磷浓度迅速下降而出现后肢瘫痪，胃肠因拒食而黏膜脱落，产生肠道病变，或者腹泻、便秘、腹部膨大、肠变薄、肠有积液、肠充气等，时间稍长会死亡。

3. 诊断

根据临床症状及病理变化，结合饲料中缺磷及钙的情况可以确诊。

4. 预防

加强饲养管理，合理搭配日粮，多喂富含钙、磷的饲料，注意调节钙、磷的比例，磷的总量应占饲料的 0.5%，所以在日粮中应补充适量的骨粉、贝壳粉、磷酸钙、磷酸氢钙以及维生素 D 粉，及时治疗肠道疾病。

5. 治疗

治疗与缺钙症基本相同。

（1）用 10% 葡萄糖酸钙 0.5～1 毫升静脉注射，口服磷酸氢钙、磷酸钙。

（2）肌内注射维生素 D_2 果糖酸钙或维丁胶性钙。

（3）口服乳酶生片调理胃肠道，增加维生素以及胶原蛋白。

（三）铜缺乏症

1. 病因

在日常喂料中铜含量不足，竹鼠正常生长需要饲料中铜含量为 8～12 毫克/千克；其次饲料中钼含量高影响铜的吸收，另外铁、锌、铅等元素以及硫酸盐过多也会影响铜的吸收，竹鼠如患传染病、中毒性疾病或者损伤心、肝脏的疾病都或多或少影响铜在体内的贮存。

2. 临床症状

患鼠毛色褪色是最易发现的症状之一，灰竹鼠变成黄白色，银星竹鼠毛色泛白，白色竹鼠毛色有点翻红，红颊竹鼠全身毛色变棕色并杂乱。患病竹鼠被毛弹性差，无光泽，粗直稀少、脱毛；竹鼠黏膜苍白，有小细胞低色素性贫血，有腹泻症。竹鼠缺铜，生长发育迟缓，不发情或发情异常，累配不孕，严重时常常出现流产。

3. 诊断

根据临床症状以及病理变化，结合竹鼠日粮中缺少铜元素的含量可以初步确诊，有条件的可以抽血进行铜浓度的测定。

4. 预防

使用全价配合饲料，或在日粮中添加0.1%硫酸铜提高铜的含量，或者丢一块铜于栏舍内让竹鼠自由舔舐，也可以到荒野外挖20厘米以下干净无污染的黄泥土直接投入栏舍内让竹鼠自由采食；也可以用化工副产品黄铁矿灰渣放入栏舍内给竹鼠任意舔舐，通过补铜来加速竹鼠生长。

5. 治疗

（1）到化工商店或兽药店买粉剂硫酸铁2~3毫克、硫酸铜1.5毫克兑冷开水5毫升，然后拌饲料喂患鼠。

（2）用粉剂硫酸铜2~3毫克口服，一天一次，15天为一个疗程，直到痊愈。

（四）锰、锌缺乏症

竹鼠锰、锌缺乏症是由于竹鼠体内缺锰或缺锌引起的一种营养代谢病。

1. 病因

锰缺乏主要是喂单一饲料，特别是单喂玉米颗粒所致，因为玉米中含锰量很低。缺锌主要是饲料中含锌量不足，有些因素影响或干扰锌的吸收，如饲料中铜、植酸、纤维素以及钙含量过高等可影响或抑制锌的吸收。竹鼠患肠道细菌病或有病毒存在以及肠道菌群的变化，均可影响锌的吸收。

2. 临床症状

患缺锰症的竹鼠似佝偻状、弓身、喜卧、行走吃力。患缺锌症竹鼠食欲减退，生长发育缓慢或停滞。患缺锰症竹鼠跛行，骨端粗大，软骨增生；患缺锌症竹鼠全身感染，颈部、面部和背腹部皮肤有红点、红斑，而后变为丘疹，形成裂隙和结痂。如感染细菌，会出现脓皮病和皮下脓肿，严重的母鼠不易受孕或者不发情，公鼠性欲降低，不能生成精子。

3. 诊断

根据临床症状和病理变化可以确诊，但要与念珠菌感染性皮炎区别。

4. 预防

精饲料中除玉米外，麸皮或米糠等都富含锰，在配制日粮时应适当搭配。为预防锰缺乏，可在饲料中添加锰元素，但必须保证日粮中有足够的锌，可在日粮中添加硫酸锌，一般一只成年鼠一天可以添加 0.4 毫克，10 天一个疗程，可以有效防止缺锌，同时要适当限制钙的含量，钙、锌比例约为 100∶5。

5. 治疗

（1）用盆装 0.1% 高锰酸钾溶液放入栏内让竹鼠自饮。

（2）用 0.2 毫克硫酸锰拌饲料喂患鼠效果明显。

（3）正常饲料中锌的含量是 $3 \times 10^{-6} \sim 8 \times 10^{-6}$，所以，要给竹鼠全价配合饲料。

（4）症状明显时可用碳酸锌口服或肌内注射，每次 0.2～0.5 毫克，连用 10 天，每天 1 次，效果甚好。

（五）维生素 A 缺乏症

竹鼠维生素 A 缺乏症是由于竹鼠体内维生素 A 不足所引起的生长发育受阻、视觉障碍、夜盲症和器官黏膜损伤为特征的一种营养代谢病。主要发生在冬末春初青粗饲料缺少的季节，多发于幼鼠。

1. 病因

长期喂食玉米、糠麸类饲料，少喂青粗饲料容易患此症。竹鼠患胃肠道疾病、寄生虫病和肝脏疾病都有可能诱发此病，哺乳母鼠如果缺少维生素 A，乳汁中一定缺少维生素 A，这就会引起仔鼠的生长发育差和抗病能力低。饲料中磷酸盐、硝酸盐等含量过多，中性脂肪和蛋白含量不足，也会影响维生素 A 的转化和吸收。

2. 临床症状

竹鼠患此病的典型症状为生长缓慢，皮肤粗糙，皮肤发生不全角化，四肢麻痹，眼睛周围积有痂皮样眼垢，角膜混浊，表面有模糊的白斑或白带。消化道上皮角化时出现胃肠炎及黏液性出血、下痢，同时损害泌尿系统，出现肾盂炎或肾小球性肾炎，也会引发支气管、气管黏膜角化而导致肺炎。母鼠缺少维生素 A 常表现为不能受精繁育，即使能怀孕，也很容易流产，不然就会出现繁殖能力极低，有的一年都不受孕，有的配上种后所产仔鼠出生时表现不正常，10～20 天后有可能出现脑积水或因维生素 A 缺乏而引发其他病症。公鼠缺乏维生素 A 则表现性欲减退，睾丸实质退化，精子浓度低。

3. 诊断

根据饲养情况，结合临床症状和病理变化可以确诊，必要时抽取血浆送到实验室化验，测定血浆中维生素 A 的含量，帮助确诊。

4. 预防

主要给竹鼠添加富含维生素 A 的食物，多喂竹子、鸭脚木、皇竹草秆、八月芒根、茅草根以及黄玉米，临产母鼠喂鱼肝油和维生素 A。及时治疗肝脏疾病及胃肠道疾病是预防竹鼠缺少维生素 A 的一个有效方法。

5. 治疗

（1）口服或肌内注射维生素 A，成年鼠注射200 ~ 250 单位，连用 3 ~ 5 天；

（2）口服鱼肝油是目前最有效的办法，一般服 0.2 ~ 1 毫升，每天 2 次，但不能长期使用，过量会引起维生素 A 中毒。

（六）B 族维生素缺乏症

竹鼠 B 族维生素缺乏症是由于体内缺乏 B 族维生素而引起的多种疾病的总称，B 族维生素常见有维生素 B_1、维生素 B_2、维生素 B_3、维生素 B_5、维生素 B_6、维生素 B_7、维生素 B_{11}、维生素 B_{12} 等几种。

1. 病因

B 族维生素在饲料中分布很广，其中含 B 族维生素最多的有青粗饲料、米糠、麸皮、酵母粉等物质。B 族维生素的特点是在水中容易丧失，在体内几乎不能贮存，因此．短期缺乏或不足，就能降低体内一些酶的活性，造成代谢紊乱而引起 B 族维生素缺乏。①竹鼠有吞食自己粪便的行为，这很正常。竹鼠会吃自己的排泄物，是因为竹鼠大肠微生物可以合成硫胺素，即维生素 B_1，竹鼠吞食尿液和粪便就是获取机体所需的维生素。通常情况下机体不缺乏 B 族维生素，但如果长期使用抗生素，造成肠道微生物菌群失调；或者长期消化不良则影响硫胺素的吸收；或者饲喂低纤维高糖及蛋白质严重短缺的食物，可以导致本病的发生。②竹鼠患胃肠疾病、肝及胰腺疾病、寄生虫病等都有可能诱发本病。③竹鼠幼鼠生长发育迅速，B 族维生素需求量增多，如果不及时补充，容易缺乏 B 族维生素而产生疾病。

2. 临床症状

B 族维生素缺乏症，患鼠食欲减退，生长不良，发育缓慢，反胃、腹泻、口腔黏膜发绀、呼吸困难、皮肤干燥，有的可见红斑疹和鳞屑性皮炎，掉毛、溃疡及脓肿，咳嗽、流泪，有的则表现为运动失调、贫血、神经功能紊乱、抽搐、肝脂肪浸润、体弱。缺 B 族维生素竹鼠容易患肺炎、胃肠炎、腹泻或便秘，黏膜苍白，全身感染、贫血，有的可能患鳞屑性皮炎，如不及时治疗，会向周边扩散，严重的会导致死亡。

3. 诊断

根据病史、结合典型的临床症状和病理变化，综合饲料的营养成分中 B 族维生素的含量可以确诊；也可以检测尿液中的磺酸盐，血液转氨酶活性明显下降的情况予以诊断；同时可通过测定血液中丙酮酸和乳酸含量的高低进行诊断。

4. 预防

加强科学的饲养管理，喂给竹鼠全价配合饲料，并多喂些富含 B 族维生素的青粗饲料，也可以购买复合维生素 B 溶液拌料喂食。可以适当添加动物性饲料和酵母粉，避免长期使用大剂量抗生素、磺胺类药物及抗寄生虫药。对竹鼠患肺炎及胃肠道疾病要及时治疗，防止诱发此病。

5. 治疗

竹鼠 B 族维生素缺乏短时间内治疗效果不明显，只有长期坚持喂 B 族维生素以达到预防的目的，严重的可以用维生素 B_1、维生素 B_2、维生素 B_6、维生素 B_{12} 等注射液进行肌内注射，或口服泛酸、烟酸、叶酸、生物素及其他 B 族维生素直至恢复为止。

（七）维生素 K 缺乏症

维生素 K 的作用是促进竹鼠凝血酶原中谷氨酸的残基羧化为 γ—羧基谷氨酸残基，这对竹鼠体内凝血酶原的合成是非常重要的，所以，竹鼠缺乏维生素 K 是以机体内凝血机能失调和怀孕母鼠流产为特征的一种营养代谢病。

1. 病因

①竹鼠一般通过吞食排泄物获得维生素 K，所以不缺维生

素 K,但由于长期饲喂抗菌药物如青霉素、磺胺类药, 严重破坏了肠道内能够合成维生素 K 的正常菌群, 竹鼠就不可能从排泄物中吸收维生素 K。②在日粮中添加磺胺类药物干扰维生素 K 的代谢活性。③在日粮中不添加维生素 K 或者添加量不足或者在贮存中时间过长而使维生素 K 效能降低。

2. 临床症状

竹鼠日粮缺维生素 K,主要表现为发育不良、贫血, 竹鼠怀孕后期胚胎死亡。另外, 也有竹鼠发生配种行为, 并有怀孕的迹象, 如肚子明显增大, 乳头肿胀, 但是过了一个多月后这种状况消失了。仔细观察发现, 在怀孕迹象消失前有血流出, 是死亡胚胎流出, 这都与缺乏维生素 K 有很大关系。

3. 诊断

根据饲料管理情况结合临床症状以及病理变化, 辅助剖检的结果进行确诊。

4. 预防

在日粮中添加适量的维生素 K 粉, 多投一些青粗植物饲料, 少给竹鼠投喂抗生素是防止缺乏维生素 K 的重要手段。

5. 治疗

(1) 患鼠投喂维生素 K, 3～5 个小时即可达到正常血凝度。

(2) 对于有贫血和出血症状的竹鼠, 可采用 10% 葡萄糖 1 毫升与含 10 毫克维生素 K 粉 0.5 毫升进行肌内注射, 一天 2 次, 10 天为一个疗程。

(八) 维生素 E 缺乏症

竹鼠缺乏维生素 E 症状形式多样, 但主要是以心肌营养不良、肌肉变性、出血性素质、繁殖障碍为特征, 特别是幼鼠更容易患此病。3～15 日龄仔鼠由于缺乏硒和维生素 E, 常表现营养不良、肝变性、坏死, 所以很多养殖户抱怨仔鼠出生后 10～20 天会莫名其妙地死去, 其实与缺乏维生素 E 有着重大关系, 它是一种营养代谢性疾病，也叫硒和维生素 E 缺乏症，仔鼠患此病也称白肌病。

1. 病因

①主要是由于平常喂料中维生素 E 及硒的含量不足。②饲料中不饱和脂肪酸含量过高也会诱发本病。③哺乳母鼠缺硒和维生素 E，仔鼠通过乳汁而得不到生长所需的硒及维生素 E，因而诱发本病。④肝脏疾病、寄生虫病等不及时治疗容易诱发此病。

2. 临床症状

本病大多数发生在幼鼠，而且在体质良好的仔鼠中发生，发病率30%，死亡率50%以上，急性的在无明显症状下突然死亡。患鼠一般情况下精神不振，食欲减退，肌肉发抖、无力。

3. 诊断

①根据临床症状以及病理变化，特别是仔鼠心肌营养不良、肌肉变性、出血性素质、坏死，以及肝变性、坏死，心肌变性可以初步诊断。②对日粮中维生素 E 的含量及肝脏和肾脏硒的含量进行检测，可得出诊断结果。③正确区分竹鼠缺维生素 E 和硒而出现的皮肤出血性素质与竹鼠大肠杆菌病的区别，对症诊断。

4. 预防

加强母鼠的饲养管理，多增加富含硒及维生素 E 的饲料，确保仔鼠营养正常。寒冷多发病季节，在饲料中适当加入无水亚硒酸钠和维生素 E；在母鼠配种期间肌内注射亚硒酸钠液 0.3 ~ 0.5 毫升；仔鼠 25 日龄时可以口服或注射 0.1 ~ 0.2 毫升亚硒酸纳和维生素 E 0.2 ~ 0.3 毫升可以有效预防本病发生。

5. 治疗

本病属营养代谢病，治疗上剂量不可太大，以防中毒。用 0.1% 亚硒酸钠生理盐水进行肌内注射，仔鼠用 0.1 ~ 0.2 毫升，每天一次。成年母鼠用醋酸生育酚 0.3 ~ 0.5 毫克肌内注射，一天 2 次，10 天一个疗程；饲料中添加硒及维生素 E 也能收到与注射相同的效果。

（九）仔鼠低血糖症

仔鼠低血糖症是由于出生不久的仔鼠体内血糖过低而引起的一种代谢病。一般血糖含量低于同龄正常仔鼠 10% ~ 15% 会出现神经症状。

1. 病因

①母鼠怀孕后期由于饲养管理不善，产仔后母乳不足或无乳，或者初乳浓度很大，乳蛋白、乳脂肪含量高而引发消化障碍。②初春空气湿度大，冬天温度低、寒冷，仔鼠身体受潮及寒冷刺激容易诱发本病。③仔鼠本身糖原异生能力低，体内脂肪酸和葡萄糖不足，生酮和糖原异生作用成熟迟，胃肠消化功能差，纵然有足够的乳汁，也不能充分消化。④母鼠患有子宫炎、乳房炎以及其他疾病，引起母鼠无乳或乳汁不多，无法保证仔鼠吃到乳汁，造成仔鼠饥饿。⑤仔鼠血糖降低还会引起中枢神经障碍，出现神经症状。竹鼠仔鼠在春季发病率较其他季节高，病死率为 80% ~ 100%，所以很多竹鼠养殖场在春季产仔高峰期时仔鼠死亡很多，成活率在 30% ~ 45% 已经不错了，究其原因，仔鼠罹患低血糖症是一个重要因素。

2. 临床症状

本病一般发生在仔鼠出生一周以后，因为太小无法观察。20 天后可见精神沉郁，反应不敏感、弓身、体温下降、皮肤发凉，有的吸乳停止，死亡后可见明显的体形消瘦。

3. 诊断

观察母鼠的精神状态以及产仔时母鼠的表现，结合临床症状并检查母鼠的奶水是否充足，或检查母鼠有没有胃肠疾病进行确诊。

4. 预防

（1）对妊娠母鼠加强饲养管理，给全价营养饲料，特别是补充水质多和含糖量多的饲料。选择母鼠作种鼠时一定要选1.4～1.8千克、乳头匀称的母鼠作种鼠，选野生竹鼠作种一定要充分驯化，减少应激反应及敏感基因的作用。

（2）在寒冷的季节，刚刚出生的仔鼠一定要多添些柔软的垫草，注意保温，严防冷风直吹栏舍。产仔的栏舍冬天要求10℃以上，夏天则要求在28℃以下。

5. 治疗

（1）仔鼠低血糖症的治疗基本上是补充糖，一般采用10%的葡萄糖溶液0.5～1毫升皮下分点注射或用1～3毫升腹腔注射，一天2～3次，连用2～3天。

（2）口服葡萄糖溶液、白糖、红糖水等直接补糖。

（3）口服补液盐（氯化钠、氯化钾、碳酸氢钠）适量，加一定量的葡萄糖混合水直接给母鼠饮用。

（4）促肾上腺皮质激素和肾上腺皮质激素类药物进行交叉使用，可以升高仔鼠血糖。

（十）新生仔鼠溶血病

新生仔鼠溶血病是由于母鼠血清和初乳中存在抗仔鼠红细胞抗原的特异性凝集抗体和溶血抗体，仔鼠在吃奶的过程中，发生血管内溶血的疾病。

1. 症状

主要以贫血、黄疸、血红蛋白尿为特征。急性贫血表现为仔鼠吸吮母乳后很快发病，数小时后休克死亡，有的病仔鼠可以拖2～3天才死亡。其他临床症状则表现精神委顿、畏寒、震颤、被毛粗乱、皮肤苍白、结膜及全身黄染，而血红蛋白尿则是仔鼠尿液呈红棕色。

2. 诊断

根据全身苍白或黄染以及以往剖检皮下组织黄染、肝脏黄染、大小肠黄染，仔鼠排红尿可以确诊。

3. 治疗

（1）母鼠在预产期前3～5天进行催乳，可到兽药店买中成药催乳。

（2）产后用催产素临时催乳。

（3）对发生溶血性母鼠进行治疗，其所产仔鼠应及时交由其他母鼠代养。

（4）对症治疗可用10%葡萄糖溶液、10%安钠咖、乌洛托品、维生素K，用以强身、利尿。

（十一）仔鼠黄尿病

仔鼠黄尿病主要是由于仔鼠吃了患乳房炎母鼠的奶水而引起的肠道疾病，一般叫仔鼠急性肠炎。

1. 病因

母鼠患有乳房炎或败血症，乳汁中含有一定量的毒素，仔鼠吃奶时毒素随奶水进入仔鼠肠道内而引起肠道急性感染。另外，仔鼠吃了过浓、过多的乳汁也会引起消化不良而诱发本病，并且全窝感染。

2. 症状

病死仔鼠肠道充血，肠腔有积液，膀胱胀尿，死前排黄色尿液，精神极差，身软，肛门周围被毛潮湿，并有腥臭味，患病仔鼠死亡率90%以上，根据这些症状可以确诊。

3. 治疗

（1）母鼠产仔5日内投喂磺胺二甲嘧啶，效果非常好，基本上不会再出现问题。

（2）母鼠在哺乳期间坚持口服氧氟沙星葡萄糖注射液。

（3）患乳房炎的母鼠要及时治疗，并且用红霉素、黄连素及庆大霉素给仔鼠灌服，疗效较好。

第四节　传染病诊治

一、巴氏杆菌病

1. 病因

竹鼠感染巴氏杆菌后容易发生死亡，65%的竹鼠黏膜及扁桃体带有巴氏杆菌，0.7千克以上的竹鼠突然死亡，其重要的原因就是患上多杀性巴氏杆菌病。竹鼠多杀性巴氏杆菌病属革兰氏阴性菌，病菌一般存在于竹鼠的血液、内脏器官、淋巴结等病变组织内。

2. 流行特点

（1）一年四季均有可能发生，但主要流行于冷热交替、气温变化大的春秋两季以及潮湿和无风闷热的环境内，呈流行性，死亡率相当高。由于竹鼠的黏膜本身带有巴氏杆菌，因而不表现临床症状，一旦巴氏杆菌繁殖增多超过一定的量即迅速致病，突然死亡。

（2）在多雨潮湿及无风闷热的条件下，饲养环境卫生条件极差，密度大、拥挤、通风不畅、营养差或者突然改变饲料就容易患病。

（3）由于长途运输、疲劳以及寄生虫使竹鼠抗病免疫能力下降，可能还会出现大群感染，如果措施不力死亡率就更高。

（4）存在竹鼠扁桃体内和上呼吸道黏膜内小范围巴氏杆菌大量繁殖，侵入下部呼吸道会引起肺病变。

3. 主要症状

病原体主要随分泌物、排泄物经呼吸道、消化道以及损伤的皮肤、黏膜而感染，临床上有下列几种患病形式。

（1）急性败血症型　没有任何症状突然死亡，病情缓者可见体温升高、精神委顿、少食废食、黏膜发绀、鼻流黏液及带血脓液、带泡沫，少数有腹泻，粪便也有可能带血，这种症状的患鼠可以在 24 小时左右虚脱而死亡，死前体温稍降、发抖、抽搐。

（2）肺炎型　由肺炎病变为败血症，也很少看到明显的临床症状而突然死亡，病情缓者可见精神沉郁、呼吸困难、逐渐消瘦、衰竭、干咳，有带血腹泻，鼻流带泡沫鼻液。

（3）结膜炎型　竹鼠患病后眼睑含泪，结膜潮红，分泌物由浆液性转为黏液和脓性，眼睑肿胀常被分泌物黏住，有时转成慢性，病情可拖延到 3～4 周，死前极度衰弱，体温下降。

（4）生殖器感染　公鼠一般表现为睾丸炎和附睾炎，睾丸肿大，或一大一小质地坚硬；母鼠表现为子宫炎症和子宫蓄脓，阴道内有浆液性、黏液性或脓性分泌物流出。

4. 诊断

（1）现场诊断　临床上根据竹鼠急性死亡后剖检证实为巴氏杆菌病结合死前的特征进行判断，竹鼠患此病体质弱、消瘦，腹部有胶样浸润感，或流泪，或干咳，鼻有黏液鼻液，支气管周围有淋巴样结节，用手摸腹部感觉有水肿或感觉有水样液体，据此可以作出初步诊断。

（2）实验室剖检诊断　胸腔内有黄色渗出物，肺与胸膜、心包粘连，肺有淤血小点状出血和肝变，皮下也有液体浸润和小点状出血点，肠道内也有出血性炎症；其他器官呈水肿和淤血，有小点状出血，肝有坏死灶，脾脏一般没有明显变化。取急性死亡的竹鼠的心、肝或体腔渗出物以及病变部位进行染色镜检，如果被检物中发现两极染色呈卵圆形的小杆菌，或革兰氏染色呈阴性且两头大小一致，卵圆形的小杆菌可以确诊。

（3）必须强调，巴氏杆菌病检测的结果与某些其他病症有相似的表现，很难区别，特别是与出血性病毒感染、李氏杆菌病以及支气管败血波氏杆菌病较难区别。

病毒性出血症是由病毒引起的，以急性死亡为特征的疾病，与竹鼠巴氏杆菌引起的败血症、肺炎型急性死亡很容易混淆，患鼠有神经症状，肝脏淤血肿胀，呈暗红色，有的皮质有散在的、针尖大小的、暗红色出血点，没有坏死灶。

李氏杆菌病是由李氏杆菌引起的竹鼠肝脏的病理变化的疾病，与败血症相似，但肾、脾和心肌有针尖大小呈白色和淡黄色坏死灶，淋巴结肿大或水肿，胸腔、腹腔和心包内有许多胶液状或凉粉状透明样的渗出物等特征性病理变化，巴氏杆菌病症之败血症是没有的。

支气管败血波氏杆菌病以肺部和肝部的脓疮为特征，脓疮一般情况下由结缔组织形成包囊，巴氏杆菌虽然也可能出现相似的病症，但认真区别还是可以鉴别出来的，用病变部分脏物制成玻璃涂片进行革兰氏染色镜检，波氏杆菌为多形态小杆菌，多杀性巴氏杆菌为大小一致的卵圆形小杆菌。

生殖道感染和葡萄球菌脓肿很相似，另外土拉伦斯杆菌引起的急性型也呈败血症症状，都要严格区分，对症治疗。

5. 防治措施

（1）预防　根据巴氏杆菌流行的特点，平时一定要注意科学管理，注意栏舍卫生，保证通风良好、防潮防寒，避暑避闷热。饲养密度不要过大，提高竹鼠抵抗力。定期消毒，定期投喂适量喹乙醇（一般按成年鼠15～20毫克/只，一个月连喂2天）于混合饲料中可以较好地预防和控制本病。同时，坚持自繁自留自养，尽量不要随便引种。必须引种时，引入的种鼠必须单独饲养一段时间再与本场鼠群混入。初养者引种一定要到正规的有整套技术培训的养殖场引种。专业的竹鼠养殖场必须进行严格的筛选，把流鼻涕、打喷嚏，结膜有问题的单独饲养、治疗或淘汰，以免患上巴氏杆菌病。同时要严禁带有病菌或从疫区来的畜禽和人员进入养殖场，以杜绝外来传染病源。

（2）治疗　发生本病后首先把患病竹鼠隔离，栏舍内用 5% 漂白粉或 10% 的石灰乳彻底消毒，最好用高免血清进行皮下注射，疗效很好。其次是采用抗生素，用青霉素 5 万 ~ 8 万单位、链霉素 3 万 ~ 5 万单位进行肌内注射，每日 2 次，连用 4 天；用庆大霉素注射液 0.4 毫升肌内注射，每日 2 次，连用 3 天；用卡那霉素针剂 0.4 毫升（成年鼠）肌内注射，每日 2 次，连用 3 天；口服四环素、土霉素效果也较好；磺胺 5—甲氧嘧啶、磺胺二甲基嘧啶、磺胺嘧啶肌内注射或口服都能有效控制病情；在日粮中按成年鼠加入 0.1% 的环丙沙星，连喂 3 天，都有良好的治疗效果。

二、肠道梭菌病

竹鼠肠道梭菌病即竹鼠梭菌性肠炎，是由 A 型、B 型、D 型肠道梭菌以及其菌属毒素引起的一种暴发性、发病率和死亡率较高的以消化道为主要症状的全身感染性疾病。临床上以急剧腹泻、排出水样或血样粪便，肠坏死、出血性下痢，脱水迅速死亡为特征，肠道梭菌为人畜共患疾病，一定要做好预防工作，人一旦感染就会出现食物中毒症状。

1. 病原

肠道梭菌其实是产气荚膜杆菌，分类学上属于梭菌属，为革兰氏阳性厌氧大杆菌，芽孢卵圆形，正常竹鼠肠道内存在本病菌。由产气荚膜梭菌 D 型感染肠毒血症，常见于春末夏初以及初秋时节；由产气荚膜梭菌 C 型感染的鼠猝狙，病情短，无明显症状则突然死亡，有的从发病初表现为卧伏、不安或痉挛，在几个小时内死亡，常见于冬、春季节。以上几种毒素共同作用其病症各有不同。

2. 流行特点

肠道梭菌一年四季均有发生，各年龄段的竹鼠都有可能感染，因为梭菌病正常存在于竹鼠的肠道内，如果饲养不够科学，卫生条件差，致使肠道内梭菌群大量繁殖容易暴发此病，即使是在饲养条件好的养殖场也有可能发生本病。

肠道梭菌主要是通过消化道传染，粪便污染是传染的重要条件，当粪便有病原菌进入消化道后，尤其是在空肠绒毛上皮组织进行大量繁殖，使肠壁充血、出血或坏死，并改变肠壁的通透性，使毒素进入血液而引起全身性毒血症，继而死亡。

在冬春季节青粗饲料缺乏时容易发生本病，突然改变饲料、天气骤变、长途运输等应激因素也可以促使本病暴发。

3. 临床症状

最急性病例，绝大多数突然莫名其妙地死亡都归因于本病。竹鼠突然发病，几乎看不到明显症状就迅速死亡，只有在死亡后剖检才知道是感染本病。亚急性型：病初时，竹鼠排出褐色软粪，粪便为黄绿、黑褐或腐油色，呈水样或胶液状，并有特殊腥臭味，随后出现水泻，精神极度崩溃，废食，消瘦，脱水，大多数于出现水泻的当日或次日死亡，少数可以拖延近一周，最终死亡。一般慢性型：患鼠开始出现消瘦、下痢是本病的特征。病初期排稀薄的褐色软粪，带有胶冻状的黏稠物，精神和食物无明显变化，但是随时间推移，体内梭菌群大量繁殖，很快就会少食，眼球下陷，被毛松散稀，无光择，腹部膨胀，有轻度胸式呼吸，精神委顿或者卧伏、昏睡，日渐消瘦，服药后似好非好，哪怕拖上一个月，最终出现水泻仍难逃一死。

4. 诊断

根据竹鼠急剧腹泻和严重消瘦，结合死亡剖检胃黏膜出血、溃疡和盲肠黏膜出血，以及大小肠膨大胀气、有特殊腥臭味基本可以确诊。为更明确诊断结果，可采取病鼠空肠或回肠内容物涂片，作革兰氏染色阳性大杆菌检测，没有测到则不是本病。本病与竹鼠以腹泻为主的消化道疾病如沙门氏杆菌病、大肠杆菌病、球虫病、毛样芽孢杆菌病、溶血性链球菌病、霉菌病等有相似之处，诊断时必须注意区别。

霉菌性腹泻主要是由黄曲霉素和其他真菌毒素所致，大多是竹鼠吃了发霉变质的玉米、甘蔗残渣和隔天的大米饭引起肝脏和消化系统的机能损害而出现的腹泻，剖检患鼠可见肝脏硬化、淡黄色，肠黏膜充血。

5. 预防

规模化饲养场平时一定要加强管理，消除诱发本病的因素。少喂含有过高蛋白质的饲料，特别是谷物饲料（如米皮糠），以减少肠道中的过多发酵的碳水化合物，消除有害菌群的繁殖，抑制梭菌毒素的产生。因为高蛋白质的食物淀粉含量高，发酵时产生大量的挥发性脂肪酸，使部分血液中的水分渗透到肠道中而引起腹泻，所以多喂些能量低的青粗饲料（老竹、芒草根等），腹泻的发生率就会大大减少，所以一些散养殖户不大容易出现此病，大多危害受损的是专业化养殖场。

严格卫生防疫制度，制定切实可行的消毒程序是预防肠道梭菌病的有效方法。发现可疑的病鼠应当马上隔离观察，并对栏舍进行消毒。

6. 治疗

如果是急性病一般没有药物治疗的时间，污物和死鼠应当作烧毁或深埋处理，栏舍用漂白粉或石灰乳消毒。对稍缓急的病鼠，初期可选用抗血清治疗有明显的疗效；其次采用对革兰氏阳性菌有效的药物进行治疗。

（1）5%替哨唑葡萄糖注射液 100 毫升（内含 0.4 克替哨唑与 5 克葡萄糖），取 0.4~0.6 毫升进行肌内注射，一日 2 次，连用 3 天，同时取喹乙醇按成年鼠每只 5~6 毫克口服，一日 2 次，连服 3 天。

（2）用克林霉素或金霉素注射液 10～15 毫克（2 毫升一支，取 0.5 毫升）进行肌内注射，同时口服红霉素片，一次量 1/3 片，一日 2 次，连服一个星期。

（3）给患鼠灌服食母生 2～5 克或者灌服胃蛋白酶 0.5～1.0 克。

（4）增强肌体抵抗力可喂 25% 葡萄糖水或腹腔注射 5% 葡萄糖生理盐水 20～30 毫升进行补液。

三、大肠杆菌病

竹鼠大肠杆菌病主要是黏膜性肠炎，是由一定血清型致病性埃希氏大肠杆菌及其毒素引起的一种暴发性、死亡率很高的肠道传染病，主要以患鼠出现胶冻样或水样腹泻直至严重脱水为特征。

1. 病原

大肠杆菌属于肠杆菌科，杆菌属，为革兰氏阴性中等杆菌，无芽孢、有鞭毛，兼性厌氧。病原性大肠杆菌能够产生一种内毒素，耐高热，同时还能够产生两种肠毒素。

大肠杆菌致病性的血清比较固定，一般能引起竹鼠患大肠杆菌的血清有 O_1、O_2、O_{18}、O_{85}、O_{119}、O_{142} 等 22 个血清，但是能够引起竹鼠患大肠杆菌病的主要有 O_{128}、O_{119}、O_{18}、O_{26}、O_{85} 几个型别。

2. 流行特点

大肠杆菌病一年四季均可发生，各年龄段都有可能感染本病，因为大肠杆菌存在于正常竹鼠的肠道内，一般情况下不发病，但在饲养管理不当，气候环境突变以及突然改变饲料方式，加上其他疾病如梭菌病、球虫病等协同作用导致肠道菌群紊乱，促使大肠杆菌骤然繁殖，而产生毒素诱发本病。一般春秋两季发生较多，密度大的比饲养稀少的发病率要高，0.5~1千克重的竹鼠发病率要比成年竹鼠高，死亡率相对较高。带病的竹鼠为主要传染源，通常情况以粪便的形式及环境空气经消化道感染。

3. 临床症状

本病潜伏期1~5天，最急性病鼠未见任何症状即突然死亡，这种死亡与巴氏杆菌和魏氏梭菌急性病症一样，没有明显症状、没有发病的征兆，防不胜防。所以，平时一定要加强饲养管理，进行药物免疫才是明智的选择。大肠杆菌亚急性病在临床上表现为初期精神沉郁、食欲不振，腹部膨胀，粪便变圆、变小，外表面有透明胶冻状黏液，这时如果选用药物及时治疗，一般都可以治愈。如果不及时发现进行治疗，竹鼠会出现四肢发冷、磨牙、流涎，眼眶下陷，有白色分泌物，有的眼睛睁不开，迅速消瘦，体温却没有太多的明显变化。随后排出水样粪便或者黄色水样稀粪，3~4天即死亡。慢性大肠杆菌病则表现为排出一些不十分圆滑、两头稍尖或者包有透明胶状黏膜的干硬粪便，一个月或两个月逐渐消瘦，最后死亡。

竹鼠大肠杆菌病如果伴有寄生虫疾病很难治疗，很容易混淆病原，总会误认为是单纯的一种病，故竹鼠的死亡率更高。仔鼠消瘦脱水，可视黏膜苍白，膀胱内充满尿液，小肠肿大并有气泡，特别是出生20日龄到断奶10多天的幼鼠容易感染本病。

4. 诊断

（1）根据本病的流行特点，临床症状主要以排出的粪便为胶冻样或水样腹泻等为特征，结合剖检变化初步确诊。

（2）取患鼠排泄物作为被检材料，并将这些被检材料进行生化试验，检测大肠杆菌的数量可以确诊。

大肠杆菌与副伤寒病、魏氏梭菌性肠炎病、球虫病、泰泽氏病、绿脓假单孢菌病等很相似，治疗上一定要注意鉴别。

绿脓假单孢菌病主要症状是患鼠粪便呈褐色稀粪，小肠肠腔充满血样内容物，脾脏肿大呈粉红色，肺有出血点；而大肠杆菌病小肠肠腔内充满半透明胶样液体，脾脏和肺无明显的变化。

5. 预防

平时要加强饲养管理，搞好栏舍卫生，定期给竹鼠及栏舍进行消毒，不随意改变饲料及饲喂方式，以免引起肠道菌群紊乱。同时尽量不长途运输，减少应激反应因素。注意哺乳母鼠乳房的清洁卫生，定期用0.1%的高锰酸钾溶液清洗奶头，以防母鼠患乳房炎而引起仔鼠患病。

6. 治疗

大肠杆菌易产生耐药性，应选择最敏感的药物进行治疗，对初发病的患鼠首先隔离，对栏舍进行彻底消毒。一般首选抗生素药物进行治疗：

（1）链霉素效果良好，一般用10～15毫克肌内注射，每日2次，连用3～4天。

（2）多黏菌素，按成年鼠计算每只1～2万单位。每日2次，肌内注射。

（3）庆大霉素注射液0.3～0.5毫升，肌内注射，每日2次，连用3～4天，疗效显著。

（4）恩诺沙星、磺胺脒都有疗效。

（5）严重症状时，皮下或腹腔注射5%葡萄糖生理盐水，防止脱水，保护肠黏膜。

大肠杆菌病除疫苗预防接种外，目前还没有较好的可以救治的药物。

四、葡萄球菌病

竹鼠葡萄球菌病又称为无名肿毒，是由金黄色葡萄球菌引起的一种可以致竹鼠死亡的脓毒败血症，有局部传染，所以属于传染病。主要表现为各器官、各部位局部的化脓性炎症，竹鼠常态下皮肤、黏膜、肠道、乳房、扁桃体等带有本菌，不同年龄均有可能感染，成年鼠感染大多在眼鼻周围及腹脚部或者外生殖器等部位；哺乳母鼠则发生乳房炎；仔鼠会出现急性肠炎（黄尿病）。这些病症发生后很容易引起败血症，并可转移到内脏引发脓毒败血症。

竹鼠葡萄球菌病的发生取决于竹鼠患病病变过程中的易感性、部位和年龄。

1. 病原

金黄色葡萄球菌为革兰氏阳性菌，无鞭毛和芽孢。无荚膜，呈葡萄串状排列，也有呈双球或链状排列，需氧和兼性厌氧，广泛存在于自然界，是人畜皮肤、黏膜、呼吸道、消化道等正常菌群。能产生凝固酶、溶血素、杀白细胞素等8种有毒物质，葡萄球菌能从患部进入血液，并且在血液内繁殖而感染其他部位。

2. 临床症状

由于竹鼠的年龄、免疫力、病菌感染的部位及细菌在体内扩散的情况不同，一般常表现为下列几种类型。

（1）脓毒败血症　偶尔在头、腹、背、脚的皮下组织肌肉内形成一个或几个肿块，用手摸软而有弹性，并且大小不一，有的像黄豆样，有的比拇指大；患鼠死亡后剖检也可以发现肠道内及其他脏器也有一个或数个像葡萄样排列的肿块。这些肿块开始并没有影响竹鼠的起居饮食，精神如故，时间稍长，肿块中形成脓肿，然后自然破裂，流出白色乳油样的浓稠脓液。竹鼠会用嘴、脚去搔弄脓口皮肤，脓液中的葡萄球菌通过破损皮肤而感染全身使竹鼠呈脓毒败血症，最多2~5天死亡。

（2）鼻炎症状　竹鼠初患病时打喷嚏，从鼻孔内流出许多浆液性或脓性分泌物，影响呼吸，继而发生肺脓肿、肺炎。

（3）外生殖器炎　各年龄都可发生，常感染母鼠和仔鼠，母鼠阴道内有少量黄色黏液脓性分泌物，或者阴户周围有大小不一的肿块。公鼠则睾丸包皮有小脓肿或棕色结痂。

（4）乳房炎　常见于母鼠分娩后的 3～5 天，乳头和乳房皮肤感染，母鼠体温升高，精神沉郁，少食，乳房肿胀，呈紫红色状，乳汁中有脓液或血液，仔鼠吃了这样的奶水很容易死亡。用手摸乳房四周可发现大小不一的硬块，时间一长即发生脓肿。脓性乳房炎很容易转变为脓毒败血症。

（5）仔鼠急性肠炎　一般又称仔鼠黄尿病，是仔鼠吃了患乳房炎母鼠的乳汁而引起的。通常是全窝感染，患病仔鼠昏睡、体质虚弱，3～5 天死亡，全窝无一幸免，死亡率极高。

3. 诊断

根据患鼠的临床症状及病理变化可以初步诊断，确诊则需通过细菌学检查，取脓液或小肠内容物做涂片，进行革兰氏染色镜检，患病者可见革兰氏阳性，菌落呈金黄色，有溶血环、圆形或卵形葡萄状或短链状的球菌，依据此微生物检验可以确诊。但要注意与竹鼠多杀性巴氏杆菌病、支气管败血波氏杆菌病和绿脓假单孢菌病的鉴别。

4. 预防

主要依靠加强饲养管理和做好清洁卫生工作，清除栏舍内污物和吃剩下的干竹枝。患病后，对健康的竹鼠可肌内注射金黄色葡萄球菌培液制成的菌苗，每只成年鼠 0.5 毫升，即可有效控制本病。

5. 治疗

对于局部脓肿、乳房炎和生殖器炎，先以外科手术进行排脓和清除坏死组织，对患处用 3% 龙胆紫、石炭酸溶液进行涂擦，或者对患处经消毒后撒上结晶磺胺消炎粉。与此同时，为防止全身感染，可选用一定量的抗菌药物进行局部或全身治疗，越早治疗效果越好，药物主要有卡那霉素、金霉素、青霉素、庆大霉素、新霉素等抗生素，口服磺胺类药物效果也很理想。

五、沙门氏菌病

竹鼠沙门氏菌病主要是由鼠伤寒沙门氏菌和肠炎沙门氏杆菌引起的一种以败血症和急性死亡，并可能有下痢及母鼠流产为特征的消化道疾病，又称副伤寒，是一种人畜共患传染性疾病。食用被沙门氏菌污染的食物，有可能引起食物中毒。

1. 病原

沙门氏菌主要侵害仔鼠和妊娠母鼠，发病率和死亡率极高。病原体为革兰氏阴性、卵圆形小杆菌，分类学上属于肠杆菌科，沙门氏菌属，周身具有鞭毛、菌毛，不形成芽孢，无荚膜，兼性需氧。竹鼠主要通过被污染的饲料感染，另外消化道是本菌的主要感染途径，杆菌存在于正常竹鼠肠道内，在各种不利因素刺激下，环境变化、饲养管理不当，使机体抵抗力减弱，病原趁机繁殖，毒素增强而引起内源性感染而发病。野生竹鼠也是本病传播的途径之一。

2. 临床症状

本病潜伏期很短，一般4~6天即发病，临床上主要表现为急性型、亚急性型和流产型。

（1）急性型　不出现症状或者腹泻，排油性、黏液性粪便，大都在24~48小时死亡。

（2）亚急性型　病鼠患病后体温稍高，精神沉郁，食欲减退，消瘦，拉出的粪便带血、干硬，后期拉油状棕黑粪，死前体温下降。

（3）流产型　大多数母鼠因产前打架受伤引起感染，食欲很小，常伏于栏舍角不愿活动，从阴道内流出黏液性或脓性分泌物，阴道黏膜潮红，流产的仔鼠很小，根本无法成活，有的母鼠也因流产无法医治，很快死亡。流产后康复的母鼠一般不会再怀孕，哺乳期的幼鼠常由于母鼠带菌而传染，往往发生仔鼠莫名其妙地死亡。

3. 诊断

（1）现场诊断　根据本病所感染的对象及其流行的特点，临床上呈现急性败血症、腹泻和流产，结合剖检的病理变化可以初步诊断。

（2）确诊必须进行病原细菌分离和鉴定　做免疫荧光试验或者用已知的抗原与血清做玻片凝集试验，从竹鼠急性病例中取血液、肝脏、脾脏、肠系膜淋巴结等内容物，子宫炎症的从阴道或子宫取分泌物，慢性病取粪便或尿液作涂片进行革兰氏染色镜检，可见到革兰氏阴性、散状的卵圆形小杆菌。将以上病料接种于四硫磺胺酸钠增菌液，或亚硒酸盐煌绿增菌液，或氯化镁孔雀绿增菌液培养基，在37℃室温培养 10~16 小时，再接种于麦康凯培养基，培养后可以发现圆形光滑、边缘整齐、半透明的灰白色小菌落，根据实验可以确诊。此病与李氏杆菌、肠道梭菌、霉菌性流产相似，诊断时一定要认真鉴别。

4. 预防

加强鼠群的饲养管理，搞好环境卫生，严禁喂发霉污染的饲料。怀孕母鼠要单独饲喂，尽量减少应激反应。消灭褐家鼠和其他昆虫，预防传播沙门氏菌。发生疫情时，先把患鼠隔离，然后对患鼠及栏舍进行彻底消毒，发生死亡一定要远距离深埋处理，并及时对全场竹鼠进行严格消毒。有条件的养殖场可用鼠伤寒沙门氏杆菌灭活菌苗进行接种，每只成年鼠肌内注射 0.5 毫升，一年注射 2 次可有效地控制本病的发生。

5. 治疗

治疗沙门氏菌病一般选用抗生素治疗，为稳定病情要延长用药时间。土霉素注射液按成年鼠用 0.5 毫升肌内注射，每天 2 次，连用 2 天。庆大霉素常用 1 万~2 万单位，肌内注射，量一定要控制好。卡那霉素注射液用药不能超过 0.5 毫升，每天 2

次，连用3～4天。链霉素每只成年竹鼠用0.1～0.3克进行肌内注射，每日2次，连用3天。磺胺脒片，每只成年竹鼠用1/2片，幼鼠减半，每天2次，连用3天。

六、链球菌病

竹鼠链球菌病是由溶血性链球菌引起的急性败血症或严重下痢为特征的传染病，主要表现为全身性发热症。

1. 病原

链球菌革兰氏染色阳性菌，竹鼠的呼吸道、口腔、阴道中常有致病性链球菌存在，带菌或患病竹鼠是主要传染源。此病一年四季均有发生，天气变化是主要诱发的因素，所以在春秋两季发病率比较高，病菌随着分泌物和排泄物污染饲料、用具及栏舍内环境而传染，当饲养管理不善、受寒感冒、长途运输、惊慌等应激因素导致机体抵抗能力下降可诱发本病。

2. 临床症状

患鼠初期表现体温升高，少食，只啃一点点粗饲料，精神不振，后期则运动迟缓，下痢严重，眼有白色浆液，如果不及时治疗一般呈脓毒败血症死亡。

3. 诊断

（1）观察竹鼠的采食情况 是否少食，把竹鼠捉起来看，面部有没有黄脓性鼻液或眼睛有否白色浆液，身体是否发热，呼吸是否急促，从这些表现可以初步确诊。

（2）实验室诊断 取病变组织、化脓灶以及呼吸道分泌物等制成涂片，进行革兰氏染色镜检，可见革兰氏阳性短链状球菌，或将病料接种于琼脂培养基上可见圆形或卵圆形、光滑、灰白色的细小菌落，周围形成透明的溶血环。

4. 预防

对鼠场一定要加强管理，防止受寒感冒，尽量减少应激因素，定时消毒，每月定期投喂磺胺类药物进行预防。有条件的养殖场可自制链球菌氢氧化铝灭活菌苗进行接种，可以有效预防本病。

5. 治疗

由于本病多为急性败血症症状，死亡率很高，一经发现可采用青霉素进行治疗，每只成年鼠用 5 万～12 万单位肌内注射，每天 2 次，连用 4 天为一个疗程。红霉素每只成年鼠用 30～80 毫克，肌内注射，每天 2 次，连用 4 天。先锋霉素，每只成年鼠 10～15 毫克进行肌内注射，每天 2 次，连用 3 天。用磺胺嘧啶钠 0.3～0.5 毫升进行肌内注射，每天 2 次，连用 4 天。如发生脓肿，应切开患处排出脓液，然后用 2% 的洗必泰溶液冲洗，再涂上碘酒或灭菌结晶磺胺粉。

七、泰泽氏菌病

泰泽氏菌病是由毛样芽孢杆菌引起竹鼠严重下痢或排水样粪便、黏液样粪便为特征的一种局部传染病，本病死亡率相当高，也是人畜共患病。

1. 病原

泰泽氏菌病为革兰氏阴性毛样芽孢杆菌病，是一种多形性、细长的细菌，能产生芽孢，周身有鞭毛，可以运动，主要寄生在竹鼠细胞内，各种年龄的竹鼠都易感染，出生两个月内的小鼠是主要危害对象，初春及秋末为流行季节，主要是通过消化道感染，患鼠的粪便以及垫草是病原，饲养密度大的养殖场更容易诱发本病。

2. 临床症状

本病暴发很快，患鼠软弱无力，无精打采，迅速消瘦，然后严重腹泻，排出的粪便呈褐色、水样或褐色油状，少食或者只吃一点，眼球下陷，迅速脱水，一般在发病 2～3 日内死亡，严重威胁竹鼠养殖的健康发展。

3. 诊断

根据临床上严重消瘦、腹泻的临床症状和剖检的病理变化可以初步作出诊断意见。确诊需要实验室诊断，取肝脏、心脏、肠道病变周围组织等作为检查的病料，进行染色涂片，经革兰氏镜检可以发现本菌呈革兰氏阴性．并在肝细胞、心肌细胞和肠道上皮细胞胞浆十呈束状排列；也可以将病料接种到其他健康鼠中，观察其病理变化。在染色镜下不难发现病变部位细胞有毛样芽孢杆菌，据此可以确诊。

4. 预防

定期消毒，保持栏舍卫生清洁、通风良好，禁止其他动物进入。减少应激因素。在日粮中投入一定的青霉素和喹乙醇、土霉素可以有效控制本病的发生。发现病鼠隔离治疗，有条件的养殖场可自制灭活菌苗进行免疫。

5. 治疗

（1）用青霉素 8 万～12 万单位进行肌内注射，每日 2 次，连用 3 天。

（2）链霉素 2～3 克进行肌内注射，每天 2 次，连用 3 天。

（3）红霉素、金霉素对本病的治疗也有一定的疗效。

八、绿脓杆菌病

竹鼠在一定的条件下因绿脓杆菌引起的以出血性肠炎及肺炎、皮下脓肿为特征的散发性传染病，一般又称为绿脓假单胞菌病。正常竹鼠的肠道、呼吸道及皮肤均带有本菌，绿脓杆菌有140 余种，其中，能诱发病的有 20 多种，对竹鼠威胁很大。

1. 病原

绿脓杆菌为革兰氏阴性、细长、中等大杆菌，不运动，不形成芽孢，有时形成荚膜，在普通培养基上生长良好，形成光滑、闪光、湿润、带毛缘的扩散状菌落，本菌能产生亮绿色素并具有特殊的芳香气味，能在很大温度范围（4～42℃）内生长。有时不合理使用抗生素预防或治疗也有可能诱发本病。

2. 临床症状

竹鼠多为突然发病，一般表现为不食或减食，嘴的四周淋湿，精神委顿，体温升高、发热，伴有流鼻涕和眼睛有分泌物，慢性症有腹泻或皮下脓肿，严重的不食、下痢。粪便中有血样。有的患鼠死前无任何症状，死后剖检才发现病症。

3. 诊断

根据临床症状和病理变化，结合腹泻、下痢及不食，嘴四周不洁净、有淋湿状，可作出初步诊断，确诊必须进行实验室细菌学检查。取患鼠粪便、呼吸道分泌物，或取病变器官、脓液等接种于普通琼脂和麦康凯琼脂培养基上进行细菌学分离，可见光滑、圆形、湿润、边缘不整齐融合样菌落，这些菌落大小不一，而且四周呈蓝绿色绿脓杆菌群，据此可以确诊为本病。本病与肠道梭菌病、泰泽氏菌病相似，诊断时一定要注意鉴别。

4. 预防

平时一定要搞好栏舍卫生，防止饲料污染，最好有专门饲喂的食盆，食盆要定期消毒，发现污染要及时更换，不要让褐家鼠和其他昆虫进入，以防偷食而把细菌传染给竹鼠。对患鼠要及时隔离治疗，发现本病的养殖场可用绿脓杆菌单价或多价灭活菌苗进行接种预防，每只成年鼠肌内注射0.5毫升，每年注射2次可控制本病。

5. 治疗

绿脓杆菌病致病菌有20多种，应用时一定要考虑到抗药性，所以选择药物时可以先做药敏试验，选抗菌效果好的药物能获得满意的效果。

（1）多黏菌素按成年鼠喂1万～2万单位，同时加磺胺嘧啶

0.1~0.3 克混入饲料内喂服，连喂 4 天。

（2）新霉素 2 万~3 万单位，口服 2~3 天有一定的疗效。

（3）庆大霉素、卡那霉素都有良好的治疗效果。

九、李氏杆菌病

李氏杆菌病在动物疾病中又叫单核细胞增生症，是由李氏杆菌引起的家畜、禽类、鼠类以及人类共患的一种散发性急性传染病，并伴有中枢神经系统病变，临床上以突然发病流产、出血性子宫炎和结膜炎、鼻炎等为主要特征。

1. 病原

李氏杆菌普遍存在于各种动物中，经检测有 40 多种哺乳动物及 20 多种禽类、水产类动物中分离出本菌，竹鼠患本病主要是结膜炎和习惯性流产，所以，很多养殖户种鼠屡屡配种总不见产仔，其实是配上种不久就流产了。李氏杆菌为杆状或球状细菌，一般呈单个或以 "V" 形排列，无芽孢、无荚膜，有鞭毛，嗜氧，在细菌培养基中菌落完整，光滑平坦，稠黏透明，并有蓝绿色闪光。取病料制成涂片做革兰氏染色镜检呈革兰氏阳性。

2. 临床症状

竹鼠发病后主要表现为食欲减退或少食，并出现结膜炎鼻炎，一般潜伏期 3~10 天，最常见的急性型表现为病鼠体温升高、不食，从鼻孔中流出浆液性或黏液性分泌物，精神不振，发现后 1~2 天或几个小时就死亡。另外一种表现形式主要是脑膜炎及母鼠子宫炎症，母鼠妊娠后不食，阴道内流出褐色分泌物然后流产，有的因此死亡，或者久配不孕；脑膜炎则表现中枢神经系统发生障碍，精神疲倦，少食或不食，共济失调，逐渐消瘦，慢慢死亡。

3. 诊断

根据本病流行的特点，母鼠流产后排出血样分泌物以及神经质症等特征可以初诊，再取肝、肾、淋巴结以及鼻液、肠道内容物或阴道分泌物制成涂片进行革兰氏染色镜检，可见"V"形或栅状革兰氏阳性小杆菌。

4. 防治

有条件的养殖场饲喂的青粗饲料用 0.1% 高锰酸钾溶液洗净后再喂，栏舍定期用漂白粉消毒。发现患鼠及时隔离，死鼠要作深埋或焚烧处理，严防本病传染给人类。

5. 治疗

发现患上本病后成年鼠口服磺胺眯片 1/3 片，每日 2 次；口服四环素 150 毫克；强力霉素片 1/3 片；庆大霉素 1~2 毫克；用磺胺嘧啶 0.2~0.6 毫升进行肌内注射，每日 2 次，连用 3 天；青霉素 8 万~12 万单位肌内注射，每天 2 次，连用 4 天。

十、体表真菌感染病

竹鼠体表真菌感染主要是致病性皮肤真菌感染的一种皮肤传染病，临床上可见被感染的皮肤出现脱毛、断毛及皮肤炎症，是人畜共患真菌病。

1. 病原

病原主要是须毛癣菌，分类学上属于毛癣菌属、石膏样小孢子菌属。须毛癣小孢子菌呈链状，主要分布在毛根和毛干周围，并镶嵌成厚鞘，孢子不进入毛干内，这种皮肤霉菌的抵抗力很强、耐干燥，主要依附于动物体上，存在各种体外环境。各年龄段的竹鼠都有可能感染，一年四季均可能发生，主要侵害皮肤和被毛，发病后可以传染给同窝室其他鼠群。营养缺乏，栏舍卫生条件差、拥挤、潮湿、通风不良、气温高、湿度大均有利于本病的感染和传播。

2. 临床症状

竹鼠刚开始患病时有局部瘙痒，常用脚去搔挠和用牙齿去撕咬患处，随后患处蔓延，被毛大都折断或脱落（有的不断毛也不脱毛），在躯体形成不规则葡萄状，表面覆盖灰白色厚鳞屑，又称豆腐渣块状。皮肤表层发生炎性变化，最初为红斑丘疹，继而出现水疱，水疱被竹鼠用脚抓破流出黄水感染其他部位使患部扩大，最后形成痂皮。患鼠奇痒难耐，食欲低下，逐渐消瘦，最后不食，几日后死亡。也有部分患鼠发生结膜炎，眼睑有白色脓性分泌物粘连，腹泻或呼吸道感染，无治疗时死亡。

3. 病理变化

患病初期有点像铜钱癣，但并不是完全一致，皮肤呈痂皮样，痂皮下组织有明显炎症，表皮过度角化和棘皮，真皮有白细胞弥漫性浸润，同时有淋巴细胞和浆细胞出现，在实验室中可看到毛囊和毛干中有很多霉菌孢子和菌丝。

4. 诊断

根据临床症状和病理变化可以作出初步诊断，但容易与营养性脱毛症以及疥癣病混淆，所以，必须通过实验室检查才能确诊。

微生物学检查在患鼠患部最外边缘部分取皮、皮屑与毛，置于清洁容器中，然后放置到载玻片上滴上几滴氢氧化钾液，并用酒精灯稍微加热，于显微镜下观察。若有皮肤霉菌感染可见孢子或菌丝，皮肤霉菌有的寄生在毛鞘内部。也可以将感染部位的被毛或皮用酒精浸泡几分钟，然后在琼脂培养基内进行4～5天培养，可见须毛癣菌（也叫石膏样小芽孢菌），菌落粉状并略呈淡红色、粉白色，菌丝上小分生孢子单个或丛生，有厚膜孢子，菌丝有结节状或呈螺旋状。

5. 预防

保持栏舍清洁卫生，注意通风换气，定期用2%碳酸钠溶液对栏舍内外消毒；定期喷洒咪康唑溶液，消灭有可能出现的体外寄生虫。同时加强饲养管理，不喂发霉变质的饲料，多喂纤维素含量高的青粗饲料。发现患鼠要及时隔离治疗，严重的要坚决淘汰。本病可以传染给人类，所以，人出入栏舍必须严格消毒。

6. 治疗

本病对一般抗生素和磺胺类药物不敏感，灰黄霉素、制霉菌素、两性霉素对本菌有抑制作用。对患鼠可用温碱水擦拭，然后用水杨酸或制霉菌素软膏涂患处，每天 2 次；口服灰黄霉素，一天一次，连用 10 天；对少食、体质弱的患鼠用葡萄糖溶液与维生素 C_2 进行静脉注射，效果很好；用克霉净擦涂效果也很好。

十一、深部真菌感染病

竹鼠深部真菌感染主要是曲霉菌感染，临床上主要以呼吸器官组织中发生炎症而形成肉芽肿结节，继而引发肺部疾病，病变造成中枢神经受损，出现心内膜、肾部器官等坏死，并传染给人类，是对人类危害很大的一种人畜共患的真菌病。

1. 病原

本病菌为需氧菌，主要病原为曲霉菌属中的烟曲霉及黄曲霉，其次黑曲霉、构巢曲霉、土曲霉也可以产生致病菌。曲霉菌的气生菌丝一端膨大形成顶囊，并呈放射状排列小梗，由此产生许多分生孢子，曲霉菌及其孢子能产生一种毒素，可以使竹鼠发生痉挛、麻痹和组织坏死。主要通过呼吸道感染，也可以通过消化道及皮肤伤口感染，特别是栏舍潮湿、闷热和通风不良的情况下遇霉雨季节，垫草、青粗饲料、精细饲料发霉变性很容易诱发本病。

2. 主要症状

患鼠表现精神不振，呼吸困难，活动量减少或龟缩在一角，饮食很少，被毛凌乱无光泽，眼睑有分泌物或肿胀，逐渐消瘦，精疲力尽，最后衰竭而亡。

3. 诊断

根据竹鼠患病的主要症状和病理变化可以诊断，但本病很容易与竹鼠结核病、肺炎病搞混淆，所以，必须在实验室进行微生物学检查才能确诊。取病鼠患处霉菌放置干净的器皿内，然后涂在载玻片上加氢氧化钾溶液几滴，移置高倍显微镜下检查可以看见霉菌孢子，并有多个菌丝形成的菌丝团，并且分隔的菌丝呈排列形放射状。如果把患鼠病料放于琼脂培养基中进行细菌培养，可以观察到菌株的生长特点，根据结果可以做出诊断。

4. 预防

首先是要加强饲养管理，严格卫生管理制度。栏舍必须保持干燥，春天湿度大时要用排风机把栏舍内湿气抽出，保证栏舍内清洁、干净。定期消毒，不用发霉的垫草，不喂发霉的饲料，发现疑似患鼠，马上隔离并对其栏舍进行彻底消毒。

5. 治疗

首选药物为灰黄霉素，一次用 1/3~1/4 片，每天 2 次，连用 10 天；其次用两性霉素 B，进行静脉注射，每天一次，连用 5~7 天；也可以用双氯苯咪唑或 5-氟胞嘧啶进行治疗。

十二、支原体病

竹鼠支原体病是由呼吸道引起的一种高度接触性传染病，临床上以咳嗽、气喘为表现形式，肺炎支原体引发支气管肺炎，关节炎支原体引发急性或慢性关节炎，发病率很高，死亡率 60% 左右。

1. 病原

病原为支原体，没有细胞壁，只有三层很薄的膜组成的细胞膜，所以为多形态微生物，有点状、杆状、球状、两极状、环状等。主要是通过呼吸道传播，各年龄段的竹鼠均容易感染，特别是断奶前后的幼鼠发病率高，一年四季均可发生。本菌耐低温，在零下十几度都能存活，所以在冬天和初春时更容易患本病。栏舍及周边环境污染，天气变化、冷风侵袭可诱发本病。

2. 临床症状

患鼠主要从鼻孔流出黏液性或浆液性鼻液，咳嗽、打喷嚏、呼吸急促，有的四肢关节红肿。活动量少。食欲减退，逐渐消瘦。

3. 诊断

确诊支原体病可从两个方面判断：一是现场观察诊断，根据临床症状和流行的季节特点，结合剖检的病理变化可以作出初步诊断；二是通过实验室进行确诊，方法是将呼吸道或者肺部病变组织进行支原体分离试验。在本病的诊断时，要严格区分与巴氏杆菌病及波氏杆菌病的诊疗异同。

4. 预防

在冬春时节，产仔母鼠应当用特护栏舍，单独饲养，通风要好，防止受冷感冒。仔鼠栏要勤换垫草，定期用过氧乙酸或碱类消毒液对栏舍消毒，发现病鼠马上隔离、观察、治疗。

5. 治疗

目前，尚无明显的治疗药物，一般发病初期用四环素注射液进行治疗效果尚可，成年鼠注射 10～15 毫克，每天 2 次，连用 3 天；用卡那霉素注射液 0.2～0.6 毫升进行肌内注射，每天 2 次，连用 3 天；用土霉素、林可霉素、泰乐菌素及沙星类的药物进行治疗，也有一定疗效。

十三、衣原体病

衣原体病又称鹦鹉热或鸟疫，是由鹦鹉热衣原体引起的一种人畜共患的传染性疾病，也是一种自然疫源性疾病。竹鼠衣原体病临床症状主要是以肺炎、肠炎、结膜炎、流产以及关节炎、尿道炎为特征，是一种很难诊疗的疾病。

1. 病原

病原主要是在真核细胞内寄生的原核细胞型微生物，存在细胞外，有传染性，在竹鼠细胞中生长繁殖，呼吸道特别是口腔是传染的主要途径，一年四季都有发生，各年龄段的竹鼠都有可能感染发病。卫生条件差，营养不良，饲养密度大，长途运输，应激反应大可以导致大量死亡。

2. 临床症状

竹鼠感染衣原体病后体温升高、精神沉郁、不食，站立不稳，四肢无力，作划水样动作，有的虚弱、咳嗽，流出黏液样鼻液，排出水样稀粪，如果是母鼠有可能发生流产和死胎，严重威胁怀孕母鼠的生命。

3. 诊断

根据临床症状和病理变化可以初步诊断，要确诊则需要进行病原学实验室检查以及血清常规化验。在竹鼠发病初期时取患鼠的分泌物或病变部位组织制成玻片染色镜检，可以看到上皮细胞内有衣原体的原体，患鼠的血液可分离到病原体，血清试验则通过最常用的补体结合试验，测出共同的属特异性抗体来确定衣原体的包涵体或始体和原体。

4. 预防

首先加强竹鼠的饲养管理，搞好环境卫生，密度合理，栏舍内定期消毒，保持通风。不让其他外来人员进入，少捉拿竹鼠使其免受惊吓，减少应激反应敏感因子。发现患鼠马上隔离治疗，并对其栏舍用5%漂白粉涂抹消毒。

5. 治疗

用万古霉素或金霉素口服10～20毫克，每日2次，连服3天；用红霉素、四环素片口服1/3片，每日2次，连服3天；罗红霉素片0.15克，成年鼠用量按1/3片计。

本病在治疗上很容易与巴氏杆菌病、沙门氏菌病、李氏杆菌病、布鲁氏菌病以及肺炎球菌混淆，要注意区别。

十四、病毒性出血症

本病一般为竹鼠出血性肺炎或坏死性肝炎，是由竹鼠病毒性出血症病毒引起的急性、接触性、败血性传染病，1946年曾发现这种病，至今还没有听说发现感染本病。临床上以呼吸系统出血、肝坏死、实质脏器水肿、淤血及出血性病变为特征。主要是0.25~0.75千克的体质良好的竹鼠发病，并且死亡率特别高，根本没有药物可治疗，发生本病后100%死亡。

1. 病原

出血症病毒是一种单股DNA病毒，病毒存在于竹鼠体内血液、各组织脏器、胸腹、分泌物及排泄物中，以肝、脾、肺、肾和血液含毒素最高，并且病毒具有凝集红细胞的能力，在人"O"型红细胞中凝集力最强，在竹鼠体内增殖非常快，故而发病时根本无法救治，本病毒对外界环境抵抗力极强，具有很强的传染性。

病鼠的血液和肝脏组织内浓集本病毒，经过粪便、尿液、分泌物以及空气中带粪便的粉尘传播，主要以消化道为传播途径，并且一年四季均可发生。

2. 临床症状

患鼠潜伏期1~2天，发病时体温稍高，白细胞数和淋巴细胞数明显下降，急性患鼠死前出现短暂的兴奋，表现为回光返照，然后突然倒地，四肢作划水样，死时鼻孔有少许血流出。慢性则表现为精神不振，食欲减少，被毛杂乱无光泽，消瘦龟缩成团，有严重的全身黄疸状，或数个、数十个针尖状出血点，最后消瘦衰弱死亡。

3. 诊断

根据流行特点和传染的性质以及临床的症状和病理变化可以诊断，最终确诊需要实验室检查才能确诊，其方法就是取患鼠血

清作无菌处理后稀释到 10%，然后加入人"O"型红细胞于
25℃静置 20~60 分钟，观察血凝抑制情况，同时也可用电子显
微镜观察、琼扩以及 ELISA 等方法来检测。

4. 预防

实行严格管理操作程序，对新购入的竹鼠种鼠要进行紧急疫
苗接种，对本场的竹鼠实行定期接种疫苗，刚断奶隔栏的幼鼠用
竹鼠病毒性出血症灭活疫苗皮下注射 0.3 毫升，7 日后即产生免
疫力，免疫期为 3 个月，此时再注射 1 毫升，免疫期半年，以后
每半年注射 1 毫升，就可完全控制本病。

5. 治疗

用竹鼠病毒性出血症抗血清对早期发病的竹鼠进行注射有缓
解中和病毒的作用，其他药物基本无效。

本病与竹鼠急性巴氏杆菌病、肠道梭菌性肠炎有相似处，治
疗时需认真区别。

附录 1　竹鼠常用饲料的种类及营养成分（近似值）

（%）

饲料种类	总能（兆焦/千克）	消化能（兆焦/千克）	代谢能（兆焦/千克）	粗蛋白	粗脂肪	粗纤维	无氮浸出物	粗灰分	钙	磷	水分	赖氨酸	蛋氨酸+胱氨酸	胡萝卜素（毫克/千克）
大豆	20.56	13.50	11.63	36.83	16.30	4.60	25.10	3.90	0.23	0.61	11.50	2.60	0.91	—
玉米	16.32	11.05	14.10	8.60	3.50	2.10	72.90	1.38	0.04	0.21	13.70	2.70	0.32	4.00
南瓜	1.80	1.28	1.30	1.50	0.82	1.00	7.20	0.70	0.02	0.01	81.00	0.13	0.16	0.50
玉米秆	14.50	2.30	2.20	5.40	0.90	28.30	50.30	8.00	0.68	0.20	23.00	0.15	0.23	0.70
胡萝卜	9.35	1.10	1.00	0.83	0.40	1.20	5.00	1.00	0.71	0.44	88.40	0.03	0.02	106.00
毛竹	—	—	8.32	2.60	2.88	50.50	3.86	1.80	0.34	0.20	—	—	—	—
芦苇	15.90	4.15	—	14.42	3.40	43.00	44.15	11.80	0.40	0.36	—	—	—	—
高粱秆	16.85	12.10	11.42	10.80	1.25	34.00	47.80	8.50	0.31	0.45	—	0.38	0.39	—
大米	17.80	13.64	13.96	9.70	2.30	1.00	74.20	1.40	0.18	0.23	—	0.29	0.28	—
甘蔗	16.50	4.00		16.20	1.20	19.20	40.20	2.30	1.53	0.35	86.00	—	—	—
甘薯	2.50	1.23	1.57	4.05	1.30	3.50	78.20	2.00	0.50	0.21	—	0.20	0.40	39.82

附录 2　竹鼠常用药物

药物种类	单位	用法	剂量	作用及用途
1. 防疫消毒药物				用于皮肤及饲养场所、器械及饲养用具消毒、杀菌
酒精		外擦	70%～75%	外用消毒防感染
紫药水		外擦	0.5%～1%	外用消毒
漂白粉		外用	0.03%～10%	其中：0.05%～0.2% 用于饮水消毒；0.5% 用于食具消毒；10% 用于地面消毒
碘酊		外擦	2%～5%	用于皮肤消毒化脓肿
福尔马林		外洒	1%～2%	室内消毒及器械消毒
新洁尔灭		外用	0.05%～2%	0.05% 用于感染伤口冲洗；0.1% 消毒手及器械；0.15%～2% 栏舍喷雾消毒
来苏儿		外用	2%～5%	5% 用于器械；2% 用于皮肤消毒
石炭酸		外用	5%	器具消毒
双氧水		外擦	3%	化脓创口涂擦
高锰酸钾		外擦	0.1%～1%	0.1% 用于皮肤冲洗消毒，0.5%～1% 用于用具浸泡消毒
生石灰		外洒	10%～20%	场地消毒
2. 抗菌类药物				用于抗菌、消炎
青霉素	国际单位	肌内注射	10 万～20 万	抑制革兰氏阳性细菌感染

（续表）

药物种类	单位	用法	剂量	作用及用途
链霉素	国际单位	肌内注射	10 万 ~ 15 万	抑制革兰氏阴性细菌，与青霉素互补，是治疗结核病的必用药
庆大霉素	国际单位	肌内注射	5 万	广谱性抗菌药，但主要用于对副化脓性感染及消化、呼吸道感染
霉素	国际单位	拌料内服	5 万 ~ 10 万	作用与用途基本与庆大霉素一致
卡那霉素注射液	毫升	肌内注射	0.5 ~ 1.0	广谱抗菌素
复方新诺明	克	拌料口服	0.3 ~ 0.5	对许多链球菌、球菌有较强的杀灭能力
磺胺嘧啶	克	拌料口服	0.2 ~ 0.3	用于呼吸、泌尿系统感染，作用与复方新诺明相似
3. 解毒药物				用于中毒症的治疗
氯磷定	毫升	皮下注射	0.2 ~ 0.3	缓解有机磷中毒
亚甲蓝	毫升	2%的溶液进行静脉注射	0.2 ~ 0.5	缓解亚硝酸盐中毒
硫酸阿托品	毫升	皮下注射	0.1 ~ 0.2	用于有机磷中毒的解痉、解毒
4. 神经兴奋剂				增强中枢神经系统的兴奋
强尔心	毫升	肌内注射	0.3 ~ 0.4	增强心脏机能，兴奋呼吸中枢
盐酸肾上腺素	毫升	肌肉及皮下注射	0.2 ~ 0.4	用于过敏反应，克服过敏性休克
樟脑磺酸钠	毫升	肌内注射	0.3 ~ 0.5	增强以及机能
5. 其他类药物				
阿斯匹林	克	拌料及化水口服	0.2	解热镇痛

（续表）

药物种类	单位	用法	剂量	作用及用途
安乃近注射液	毫升	肌内注射	0.5	解热镇痛，还可抗风湿
乳酶生	克	口服	0.5	用于食欲不振、消化不良，整肠健胃
干酵母片	克	口服	0.5	健胃药物，帮助消化
乙醚	毫升	吸入蒸汽	5~10	麻醉剂，属全身麻醉药物
普鲁卡因	毫升	0.25%溶液皮下注射	5~10	局部麻醉
安定片	片	口服	1~2	镇静
催产素	毫升	肌内注射	0.5	用于母鼠分娩无力，进行助产
黄体酮	毫升	肌内注射	0.5~1	保胎药物，用于习惯性流产、子宫功能性出血
维生素 B_1	毫升	口服	5~10	维持神经系统正常功能，用于麻痹、多发性神经炎等维生素 B_1 缺乏症

图书在版编目（CIP）数据

竹鼠养殖简单学／赵伟刚，吴琼主编 . —北京：中国农业科学技术出版社，2016.1

ISBN 978 - 7 - 5116 - 2446 - 8

Ⅰ.①竹… Ⅱ.①赵…②吴… Ⅲ.①竹鼠科 - 饲养管理 Ⅳ.①S865.2

中国版本图书馆 CIP 数据核字（2015）第 317393 号

责任编辑 朱 绯 穆玉红
责任校对 贾海霞

出 版 者 中国农业科学技术出版社
　　　　　北京市中关村南大街 12 号 邮编：100081
电 话 （010）82106626（编辑室）　（010）82109704（发行部）
　　　　　（010）82109709（读者服务部）
传 真 （010）82106626
网 址 http://www.castp.cn
经 销 者 各地新华书店
印 刷 者 北京富泰印刷有限责任公司
开 本 850mm ×1 168mm 1/32
印 张 7.625
字 数 198 千字
版 次 2016 年 1 月第 1 版 2016 年 1 月第 1 次印刷
定 价 19.80 元